U0379535

过程装备与控制工程专业综合实验

GUOCHENG ZHUANGBEI YU KONGZHI GONGCHENG ZHUANYE ZONGHE SHIYAN

主　编◎王　洪　鹿存房
主　审◎全学军

重庆大学出版社

内容提要

本书是学生将理论基础知识与实践操作融会贯通的纽带,体现了专业实验教学的层次性与全面性。全书共6个部分,内容包括过程设备设计、过程流体机械、过程装备腐蚀与防护、过程装备控制技术及应用、过程装备监测与故障诊断、过程装备与控制工程专业创新实验。每个实验均含有实验目的、实验原理、实验装置、实验内容及步骤、实验数据记录,并提供思考题供学生思考讨论。

本书可作为高等学校过程装备与控制工程及相关专业综合实验教材,也可供从事化工、机械、制药、环境、轻工及能源等领域的工程技术人员或管理人员参考。

图书在版编目(CIP)数据

过程装备与控制工程专业综合实验/王洪,鹿存房
主编. —重庆:重庆大学出版社,2020.8
新工科系列. 化学工程类教材
ISBN 978-7-5689-1412-3

Ⅰ.①过… Ⅱ.①王… ②鹿… Ⅲ.①化工过程—过程控制—实验—高等学校—教学参考资料 ②化工过程—化工设备—实验—高等学校—教学参考资料 Ⅳ.
①TQ051-33 ②TQ02-33

中国版本图书馆 CIP 数据核字(2020)第 136053 号

过程装备与控制工程专业综合实验

主 编 王 洪 鹿存房
主 审 全学军
策划编辑:范 琪
责任编辑:李定群 版式设计:范 琪
责任校对:刘志刚 责任印制:张 策

*

重庆大学出版社出版发行
出版人:饶帮华
社址:重庆市沙坪坝区大学城西路 21 号
邮编:401331
电话:(023) 88617190 88617185(中小学)
传真:(023) 88617186 88617166
网址:http://www.cqup.com.cn
邮箱:fxk@ cqup.com.cn(营销中心)
全国新华书店经销
重庆共创印务有限公司印刷

*

开本:787mm×1092mm 1/16 印张:11.25 字数:270 千
2020 年 8 月第 1 版 2020 年 8 月第 1 次印刷
ISBN 978-7-5689-1412-3 定价:35.00 元

前　言

过程装备与控制工程专业综合实验涉及课程门类较多,各高校开设的实验项目种类繁多,但都包含一些基本的专业实验,如离心泵性能实验、压缩机性能实验、压力容器应力测定实验及外压容器稳定性实验等。

本书是在以习近平新时代中国特色社会主义思想指导下,落实"新工科"建设新要求,针对过程装备与控制工程专业编写的专业实验教材。全书共6个部分,内容包括过程设备设计、过程流体机械、过程装备腐蚀与防护、过程装备控制技术及应用、过程装备监测与故障诊断、过程装备与控制工程专业创新实验。

本书由重庆理工大学王洪、鹿存房任主编,全学军任主审。其中,第1部分由张成伟编写,第2部分由许桂英编写,第3部分由高能文编写,第4部分由杨鑫、王洪编写,第5部分由王洪编写,第6部分由常海星、鹿存房、杨鑫编写。

本书可作为高等学校过程装备与控制工程及相关专业综合实验教材,也可供从事相关专业工程技术人员或管理人员参考。

由于编者水平有限,书中难免有疏漏之处,恳请同行和广大读者批评指正。

编　者
2020 年 3 月

目　录

第 1 部分　过程设备设计

实验 1.1　安全阀测试实验

1.1.1　实验目的

①测定安全阀在运行条件下的排放压力,绘制安全阀开启前后的压力变化曲线。

②测定安全阀在额定排放压力下的排量,绘制安全阀的排量曲线。

③比较两种不同类型安全阀的排放特性。

1.1.2　实验原理

(1)安全阀的基本结构

安全阀主要由密封结构(阀座和阀瓣)和加载机构(弹簧或重锤、导阀)组成。它是一种由进口侧流体介质推动阀瓣开启,泄压后自动关闭的特种阀门,属于重闭式泄压装置。阀座和座体可以是一个整体,也可组装在一起,与容器连通;阀瓣通常连带有阀杆,紧扣在阀座上;阀瓣上加载机构的大小可根据压力容器的规定工作压力来调节。

(2)安全阀的工作原理与过程

安全阀的工作过程大致可分为 4 个阶段,即正常工作阶段、临界开启阶段、连续排放阶段及回座阶段,如图 1.1.1 所示。在正常工作阶段,容器内介质作用于阀瓣上的压力小于加载机构施加在它上面的力,两者之差构成阀瓣与阀座之间的密封力,使阀瓣紧压着阀座,容器内的气体无法通过安全阀排出;在临界开启阶段,压力容器内的压力超出了正常工作范围,并达到安全阀的开启压力,预调好的加载机构施加在阀瓣上的力小于内压作用于阀瓣上的压力,于是介质开始穿透阀瓣与阀座密封面,密封面形成微小的间隙,进而局部产生泄露,并由断续地泄露而逐步形成连续地泄露;连续排放阶段,随着介质压力的进一步提高,阀瓣即脱离阀座向上升起,继而排放;回座阶段,如果容器的安全泄放量小于安全阀的排量,容器内压力逐渐下降,很快降回到正常工作压力。此时,介质作用于阀瓣上的力又小于加载机构施加在它上面的力,阀瓣又压紧阀座,气体停止排出,容器保持正常的工作压力继续工作。

安全阀通过作用在阀瓣上的两个力的不平衡作用,使其启闭,以达到自动控制压力容器超压的目的。要达到防止压力容器超压的目的,安全阀的排气量不得小于压力容器的安全泄放量。

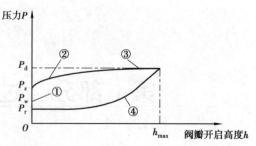

图 1.1.1　安全阀工作过程曲线

①—正常工作阶段;②—临界开启阶段;③—连续排放阶段;④—回座阶段

图 1.1.1 中,P_z 为开启压力;P_d 为排放压力;P_r 为回座压力;P_w 为容器最大工作压力。其中,$P_d - P_z$ 为最大开启压差。

1.1.3　实验装置基本配置

实验装置基本配置见表 1.1.1。

表 1.1.1　实验装置基本配置

序号	设备名称	规格与型号	数量
1	空气压缩机	$P = 0.8\ \text{MPa}, Q = 0.15\ \text{m}^3/\text{min}$	1
2	调节阀门	DN40,PN1.6 MPa	1
3	温度变送器	$0 \sim 100\ ℃$	1
4	压力变送器	$0 \sim 1.6\ \text{MPa}$	1
5	差压变送器	$0 \sim 100\ \text{kPa}$	1
6	压力表	$0 \sim 1.6\ \text{MPa}$	2
7	孔板流量计	不锈钢定制	1
8	实验容器	$\phi 300\ \text{mm}, P = 1.0\ \text{MPa}$	1
9	安全阀试件	订制	2
10	计算机	CPU:G2020;内存:2.0 G;硬盘:500 G,DVD 光驱,19 in 液晶显示器	1

1.1.4　实验操作步骤

安全阀泄放性能测定实验装置如图 1.1.2 所示。其主要实验操作步骤如下:

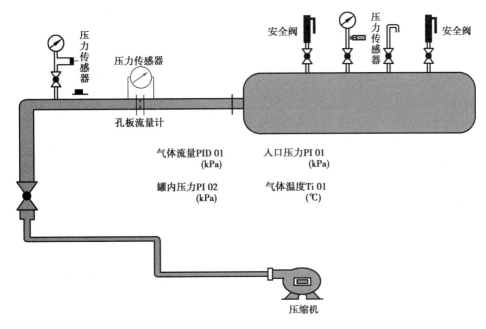

图 1.1.2　安全阀泄放性能测定实验装置

①打开实验软件,确认实验数据与计算机通信成功。

②打开压缩机,调节稳压阀使压缩机出口压力稳定为 0.4 MPa。

③打开需测定安全阀下方的手动阀,使安全阀与稳压罐相同。

④调节空气进口阀,使缓冲罐内缓慢上升,同时记录实验曲线。

测量微启式安全阀时,流量由小到大,可测到不同开启压力下的排量。测量全启式安全阀时,将流量控制为较小值,可清楚地观察安全阀的开启压力和回座压力。

注意:因安全阀用于实验,故拆去安全阀铅封,使安全阀开启压力可调节,不得将开启压力调节过大,以免发生危险。

1.1.5　实验结果与计算举例

由图 1.1.3 可知,开启压力 P_z 为 265 kPa;回座压力 P_r 为 170 kPa。

测得安全阀在额定排放压力下的孔板流量计的压差 ΔP,空气在排放压力下的密度 $\rho = 4.27$ kg/m³,孔板流量计孔流系数 $C_0 = 0.7$,孔板流量计孔板孔径 $d_0 = 0.05$ m。可根据孔板流量计公式计算排气量 V_s 为

$$V_s = C_0 A_0 \sqrt{\frac{2\Delta p}{\rho}} \tag{1.1.1}$$

1.1.6　思考与讨论

①两种安全阀在具体结构上有哪些不同?

②为什么回座压力小于开启压力?

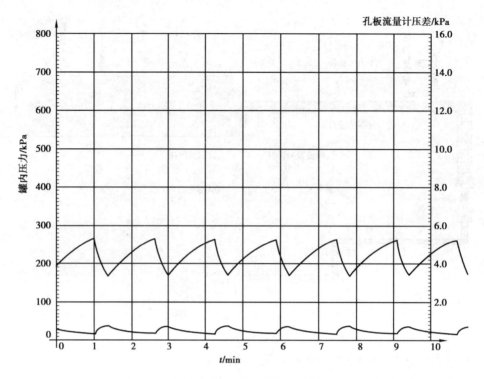

图 1.1.3 实验结果示意图

实验 1.2 薄壁容器内压应力测定实验

1.2.1 实验目的

①测定薄壁容器承受内压作用时,筒体及封头(平板封头、锥形封头、球形封头及椭圆封头)上的应力分布。

②比较实测应力与理论计算应力,分析它们产生差异的原因。

③了解"应变电测法"测定容器的基本原理,掌握实验操作技能。

1.2.2 实验原理

由中低容器设计的薄壳理论分析可知,薄壁回转容器在承受内压作用时,圆筒壁上任一点将产生两个方向的应力,即径向应力和环向应力。在实际工程中,不少结构由于形状与受力较复杂,进行理论分析时,困难较大;或对一些重要结构在进行理论分析的同时,还需对模型或实际结构进行应力测定,以验证理论分析的可靠性和设计的精确性;因此,实验应力分析在压力容器的应力分析和强度设计中有十分重要的作用。

目前,实验应力分析方法较多,而应用较广泛的有电测法和光弹法。其中,电测法在压力容器应力分析中广泛采用。它可用于测量实物与模型的表面应变,具有很高的灵敏度和精度。由于它在测量时输出的是电信号,因此易于实现测量数字化和自动化,并可进行无线电遥测。它既可用于静态应力测量,也可用于动态应力测量,还可在高温、高压和高速旋转等特殊条件下进行测量。

电测法是通过测定受压容器在指定部位的应变状态,并根据弹性理论的胡克定律,即

$$\left. \begin{array}{c} \varepsilon_m = \dfrac{\sigma_m}{E} - \mu\dfrac{\sigma_\theta}{E} \\ \varepsilon_\theta = \dfrac{\sigma_\theta}{E} - \mu\dfrac{\sigma_m}{E} \end{array} \right\} \tag{1.2.1}$$

$$\left. \begin{array}{c} \sigma_m = \dfrac{E}{1-\mu^2}(\varepsilon_m + \mu\varepsilon_\theta) \\ \sigma_\theta = \dfrac{E}{1-\mu^2}(\varepsilon_m + \mu\varepsilon_m) \end{array} \right\} \tag{1.2.2}$$

首先通过"应变电测法"测定容器中某结构部位的应变,然后根据上述应力和应变的关系,即可确定这些部位的应力。而应变 ε_m,ε_θ 的测量是通过粘贴在结构上的电阻应变片来实现的。电阻应变片与结构一起发生变形,并把变形转变成电阻的变化,再通过电阻应变仪直接可测得应变值 ε_m,ε_θ,然后根据式(1.2.2)可算出容器上测量位置的应力值,利用电阻应变仪和预调平衡箱,可同时测出容器上多个部位的应力,从而可了解容器受压时的应力分布情况。式(1.2.2)中,E 为弹性模量,μ 为泊松比,实验材料为1Cr18Ni9Ti 不锈钢。

(1)电阻应变片

电阻应变片简称"应变片"或"电阻片",是测量应变的感受元件。它是用直径为 $0.2 \sim 0.5$ mm 的电阻率较高的金属丝绕成栅后粘贴在两层极薄的绝缘层之间而构成的,如图1.2.1 所示。

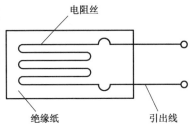

若应变片的电阻在变形前为 R,则它与构成电阻丝的材料的长度和截面积的关系为

$$R = \rho\frac{l}{s} \tag{1.2.3}$$

图 1.2.1　电阻应变片结构示意图

当电阻丝随被测结构一起变形时,ρ,l,s 要发生变化,R 也随之变化。其改变量为(将上式取对数后再微分)

$$\begin{aligned} \mathrm{d}R &= \frac{R}{\rho}\mathrm{d}\rho + \frac{R}{l}\mathrm{d}L - \frac{R}{s}\mathrm{d}s \\ &= \frac{l}{s}\mathrm{d}\rho + \frac{\rho}{s}\mathrm{d}l - \frac{\rho l}{s^2}\mathrm{d}s \\ &= \frac{l}{s}\mathrm{d}\rho + \frac{\rho}{s}\mathrm{d}l\left(1 - \frac{\mathrm{d}s}{s}\times\frac{l}{\mathrm{d}l}\right) \end{aligned}$$

其中

$$s = \frac{\pi}{4}\phi^2, \mathrm{d}s = \frac{\pi}{2}\phi\mathrm{d}\phi$$

则

$$\frac{\mathrm{d}s}{s} \cdot \frac{l}{\mathrm{d}l} = \frac{\frac{\pi}{2}\phi\mathrm{d}\phi}{\frac{\pi}{4}\phi^2} \cdot \frac{l}{\mathrm{d}l} = 2 \cdot \frac{\frac{\mathrm{d}\phi}{\phi}}{\frac{\mathrm{d}l}{l}} = 2 \cdot \frac{\varepsilon'}{\varepsilon}$$

式中 ϕ——电阻丝直径;

ε'——电阻丝的横向应变;

ε——电阻丝的轴向应变。

显然,$\dfrac{\varepsilon'}{\varepsilon} = -\mu$,即泊松比,故

$$\mathrm{d}R = \frac{l}{s}\mathrm{d}\rho + \frac{\rho}{s}\mathrm{d}l(1 + 2\mu)$$

因此,$\dfrac{\mathrm{d}R}{R} = \dfrac{l}{sR}\mathrm{d}\rho + \dfrac{\rho}{sR}\mathrm{d}l(1 + 2\mu)$,等式右边用 $R = \rho\dfrac{l}{s}$ 代入,可得

$$\frac{\mathrm{d}R}{R} = \frac{\mathrm{d}\rho}{\rho} + \frac{\mathrm{d}l}{l}(1 + 2\mu) = \frac{\mathrm{d}\rho}{\rho} + (1 + 2\mu) \cdot \varepsilon$$

等式两边同除 ε,得

$$\frac{\mathrm{d}R}{\varepsilon R} = \frac{\mathrm{d}\rho}{\varepsilon\rho}(1 + 2\mu)$$

实验表明,对一定的材料,$\dfrac{\mathrm{d}\rho}{\varepsilon\rho} + (1 + 2\mu)$ 为常量。

令 $\dfrac{\mathrm{d}\rho}{\varepsilon\rho} + (1 + 2\mu) = K$,故

$$\frac{\mathrm{d}R}{R} = K\varepsilon \qquad\qquad (1.2.4)$$

式(1.2.4)就是应变片的电阻变化率与应变值的关系。对于同一 ε 值来说,K 值越大,则 $\dfrac{\mathrm{d}R}{R}$ 也越大。测量时,易得较高的精度。K 值是反映应变片对应变敏感程度的物理量,故称应变片的"灵敏系数"。K 值的大小与金属丝的材料和应变片的结构形式有关,一般制造厂会给出具体的数值(本实验应变片的灵敏系数 $K = 2.08$)。

(2)电阻应变仪

电阻应变仪的基本原理是将应变片电阻的微小变化用电桥转变成电压或电流的变化。其大致过程为:应变片 $\mathrm{d}R/R$ 电桥 $\Delta V(\Delta I)$ 放大器放大的 $\Delta V(\Delta I)$ 检流计指示读数。

电阻应变仪就是实现上述过程的仪器。

1)电桥的工作原理

如图 1.2.2 所示的电路,若在 AC 端加电压 V,则 BD 端输出电压为

$$V_{BD} = V_{DC} - V_{BC}$$

$$= (V - V_{AD}) - (V - V_{AB})$$

$$= (V - i_2 R_4) - (V - i_1 R_4)$$

$$= i_1 R_1 - i_2 R_4$$

$$= \frac{R_1}{R_1 + R_2}V - \frac{R_4}{R_3 + R_4}V \qquad (1.2.5)$$

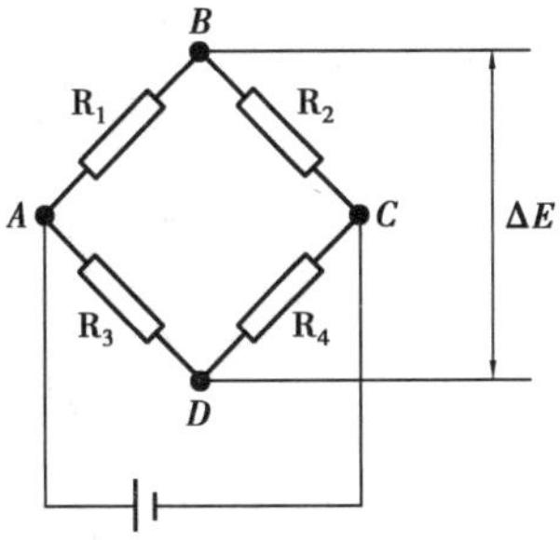

图 1.2.2　电桥的工作原理

电路中，R_1 若为粘贴在容器上应变片的电阻，称为"工作片"；R_2 为与工作片类型相同且电阻值相等的电阻片。其作用是抵消因温度变化引起的电阻变化对应变测量的影响，使所测的电阻变化仅反映应变引起的电阻变化，称为"温度补偿片"。一般是粘贴在与被测构件相同的"补偿极"上，但补偿板不受力作用。放在工作片附近以两者处于相同的环境温度下，以消除温度影响的目的。R_3，R_4 为应变仪内的标准电阻。对 V_{BD} 的变化，仅考虑工作片随容器受压时应变引起的电阻变化。

式(1.2.5)中，对 R_1 求偏导数，则

$$\frac{\mathrm{d}V_{BD}}{\mathrm{d}R_1} = \frac{(R_1 + R_2)V - R_1 V}{(R_1 + R_2)^2} = \frac{R_2 V}{(R_1 + R_2)^2}$$

因 $R_1 = R_2$，故

$$\frac{\mathrm{d}V_{BD}}{\mathrm{d}R} = \frac{V}{4R_1} \qquad (1.2.6)$$

改用增量表示，即

$$\Delta V_{BD} = \frac{1}{4}V \cdot \frac{\Delta R_1}{R_1} \qquad (1.2.7)$$

$$\Delta V_{BD} = \frac{1}{4}VK\varepsilon \qquad (1.2.8)$$

式(1.2.8)表明，电桥的输出电压变化 ΔV_{BD} 与测点的应变成正比。

2）电阻应变仪

电阻应变仪的工作原理如图 1.2.3 所示。

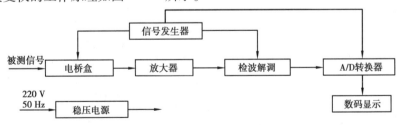

图 1.2.3　电阻应变仪的工作原理

1.2.3　实验装置基本配置

应变电测系统由传感元件(电阻应变片)和测量仪器两部分组成。本实验的应变片为胶基箔式应变片($R_片 = 120\ \Omega$)，应变仪为 CM-1H-32 型，可进行多点应力测量。

加压采用手动加压泵,其装置流程如图 1.2.4 所示。

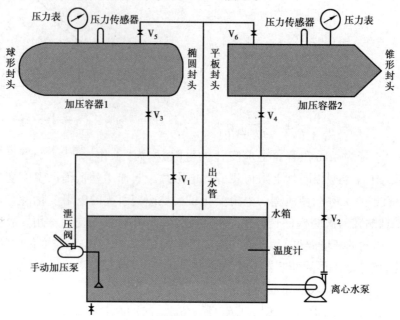

图 1.2.4 薄壁容器内压应力测定实验装置流程示意图

实验装置基本配置见表 1.2.1。

表 1.2.1 实验装置基本配置

序号	设备名称	规格与型号	数量
1	不锈钢容器 $\phi 400 \times 4, L = 500$ mm	椭圆 + 球形封头	1
2	不锈钢容器 $\phi 400 \times 4, L = 500$ mm	锥形 + 平板封头	1
3	手动试压泵	SY-40	1
4	温度变送器	$0 \sim 100$ ℃	1
5	压力变送器	$0 \sim 1.6$ MPa	2
6	计算机	联想品牌计算机	1
7	离心水泵	WB50/025	1
8	压力表	$0 \sim 1.6$ MPa	2
9	静态电阻应变仪	CM-1H-32	1
10	数字显示仪	AI-501B	3
11	不锈钢水箱	—	1

实验用容器规格及应变片布置如图 1.2.5—图 1.2.8 所示。

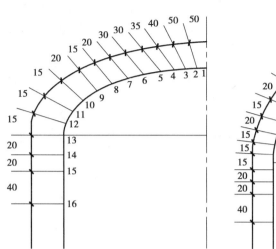

图 1.2.5　椭圆封头应变片布置图　　　　图 1.2.6　球形封头应变片布置图

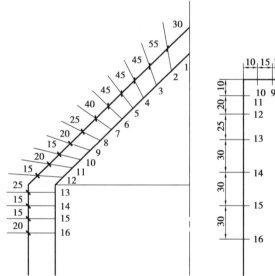
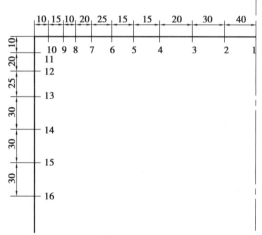

图 1.2.7　锥形封头应变片布置图　　　　图 1.2.8　平板封头应变片布置图

1.2.4　实验内容及步骤

本实验主要是测定圆形筒体和(平板封头、锥形封头、球形封头及椭圆封头)封头的主应力及分布情况。容器圆筒直边到封头顶点共贴有 16 片应变片。在平衡箱上,1 表示第 1 点的环向,2 表示第 2 点的环向,17 表示第 1 点的径向,18 表示第 2 点的径向。以此类推,可测出 16 个点的径向和环向应力。由此可得出封头和直边的应力分布状态。

本实验采用的 CM-1H-32 型电阻应变仪使用方法如下:

①应变仪背后接上电桥盒,接通电源,按下电源开关。

②向水箱注入蒸馏水,将所有阀门全部关闭,启动离心水泵,打开阀门 V_2,V_3,V_5 向压力

罐送水。当出水管内有液体出现时,关闭阀门 V_2,V_3,关闭离心水泵,关闭阀门 V_5。

③应变仪调零后,向加压泵内灌水。若对容器 1 进行实验,打开 V_3 阀门,摇动加压泵手柄对容器 1 进行加压。

④实验时,加压顺序为:压力 P 为 0.15—0.3—0.5 MPa,加压应缓慢平稳,且待压力稳定后关闭阀门 V_3 进行测量,并记录各压力等级下的应变值。

⑤卸压时,拧开阀门 V_5,使容器内的液体回流到水箱中。卸压顺序为:0.5—0.3—0.15 MPa。卸压过程中,注意观察压力表的指示数,待降到预定值时,应立即关闭阀门 V_5。待压力稳定后,记录应变值。

1.2.5 实验结果与计算举例

如测得径向应变 $\varepsilon_m = 48\mu$ 和环向应变 $\varepsilon_\theta = 141\mu$,弹性模量 $E = 210\,000$ MPa,泊松比 $\mu = 0.28$,则

$$\sigma_m = \frac{E}{1-\mu^2}(\varepsilon_m + \mu\varepsilon_\theta) = \frac{\dfrac{210\,000}{1-0.28^2}(48 + 0.28 \times 141)}{1\,000\,000\ \text{MPa}} = 19.9\ \text{MPa}$$

$$\sigma_\theta = \frac{E}{1-\mu^2}(\varepsilon_\theta + \mu\varepsilon_m) = \frac{\dfrac{210\,000}{1-0.28^2}(141 + 0.28 \times 48)}{1\,000\,000\ \text{MPa}} = 35.2\ \text{MPa}$$

1.2.6 思考与讨论

①如何保证应变片测量在轴向与周向上?
②实测值与理论值的差别有多大?其原因有哪些?

实验 1.3 薄壁圆筒外压失稳实验

1.3.1 实验目的

①观察外压容器的失稳破坏现象及破坏后的形态。
②验证外压筒体试件失稳时临界压力的理论计算式。

1.3.2 实验原理

薄壁容器在受外压作用时,往往在器壁内的应力还未达到材料的屈服极限而在外压达到某一数值时,壳体会突然推动原来形状而出现褶皱,这种现象称为失稳。失稳时的压力,称为临界压力,以 P_{cr}(单位:MPa)表示。它与材料的弹性性能(弹性模数 E 和泊松比 μ)、几何尺寸(筒体直径 D、壁厚 S_0 和筒体计算长度 L)有关。

钢制薄壁容器的临界压力与波数的计算公式如下:

长圆筒 Bress 公式为

$$P_{cr} = \frac{2E}{1 - \mu^2}\left(\frac{S_0}{D}\right)^2 \qquad (1.3.1)$$

短圆筒 B. M. Pamm 公式为

$$P_{cr} = \frac{2.59ES^2}{LD\sqrt{\dfrac{D}{S_0}}} \qquad (1.3.2)$$

$$n = \sqrt[4]{\frac{7.06\left(\dfrac{D}{S_0}\right)}{\left(\dfrac{L}{D}\right)^2}}\,(\text{正整数}) \qquad (1.3.3)$$

临界尺寸为

$$L_{cr} = 1.17D\sqrt{\frac{D}{S_0}} \qquad (1.3.4)$$

式中 P_{cr}——临界压力，MPa；

D——圆筒直径，mm；

L——圆筒计算长度，mm；

S_0——圆筒壁厚，mm；

E——材料弹性模数，MPa；

μ——材料泊松比；

n——失稳时波数；

L_{cr}——临界长度，mm。

当 $L > L_{cr}$ 时，为长圆筒；

当 $L < L_{cr}$ 时，为短圆筒。

1.3.3 实验装置基本配置

实验装置基本配置见表 1.3.1。

表 1.3.1 实验装置基本配置

序号	名 称	规格与型号	数量
1	电气转换器	IP211-X120	1
2	温度变送器	0 ~ 200 ℃	1
3	压力变送器	0 ~ 1 MPa	1
4	压力表	0 ~ 1 MPa	2
5	压力缓冲罐	不锈钢 $\phi80 \sim \phi120$	1
6	离心泵	不锈钢 WB70/025	1
7	控制器	AI-519B24V	1

续表

序号	名　称	型　号	数量
8	外压灌	不锈钢 $\phi325 \sim \phi350$	1
9	计算机	联想品牌计算机	1
10	压缩机	ZBM-0.067/8	1
11	储液罐	不锈钢	1

薄壁圆筒外压失稳实验装置如图 1.3.1 所示。

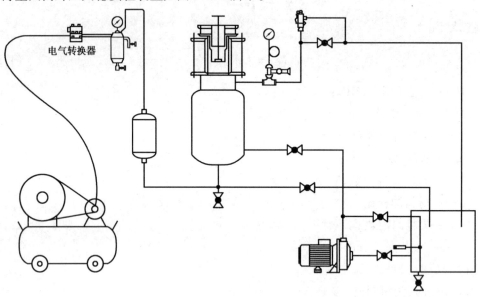

图 1.3.1　薄壁圆筒外压失稳实验装置

1.3.4　实验操作步骤

①开启计算机,打开实验软件。

②检查压力传感器是否正常。

③测量试件几何尺寸,检查水箱内水是否充足。如不充足,则适量添加。

④启动离心泵,向失稳灌内注入适量水(水加至试件放入后不溢水为宜),安装测试试件。

⑤停止离心泵,将压力仪表输出值调至 0,启动压缩机。

⑥慢慢改变仪表输出值,增加压力,记录压力变化曲线。

⑦通过有机玻璃观察试件受压及其变形情况(失稳瞬间有响声)。

⑧关闭实验设备,释放压力,取出实验试件,并分析实验数据。

1.3.5　实验数据

薄壁圆筒外压失稳实验压力变化趋势如图 1.3.2 所示。

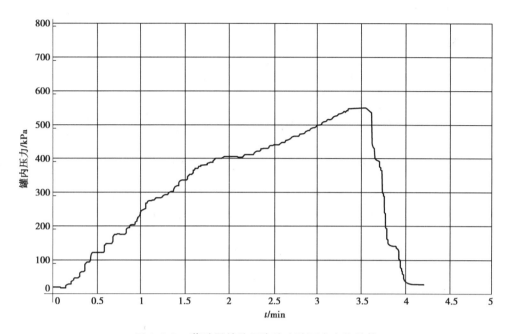

图 1.3.2　薄壁圆筒外压失稳实验压力变化趋势

1.3.6　思考与讨论

①容器失稳后,波形是否一致?

②卸载外压,容器为什么会部分恢复原形?

实验 1.4　爆破片爆破压力测定实验

1.4.1　实验目的

①观察爆破片爆破现象及其爆破后的形态。

②测量爆破片爆破时的最大压力。

1.4.2　实验原理

由爆破片(或爆破片组件)和夹持器(或支承圈)等零部件组成的非重闭式压力泄放装置。在设定的爆破温度下,爆破片两侧压力差达到预定值时,爆破片即刻动作(破裂或脱落),并泄放出流体介质。爆破片能在规定的温度和压力下爆破,并泄放压力。

1.4.3　实验装置基本配置

实验装置基本配置见表1.4.1。

表 1.4.1　实验装置基本配置

序号	名　称	规格与型号	数量
1	压力变送器	0～1 MPa	1
2	压力表	0～1 MPa	2
3	压力缓冲罐	不锈钢 $\phi80～\phi120$	1
4	齿轮泵	不锈钢 WB70/025	1
5	压力显示器	AI-501B24V	1
6	爆破片压紧装置	不锈钢	1
7	计算机	联想品牌计算机	1
8	压缩机	ZBM-0.067/8	1
9	储液罐	不锈钢	1

爆破片爆破实验装置如图 1.4.1 所示。

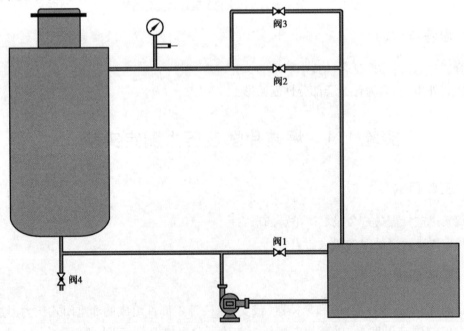

图 1.4.1　爆破片爆破实验装置

1.4.4　实验操作步骤

①开启计算机,打开实验软件。

②检查压力传感器是否正常,齿轮泵转向是否正确。

③关闭阀门 1,2,3,4,启动齿轮泵。

④向失稳灌内注满水,关闭齿轮泵,安装爆破片。

⑤打开阀 3,启动齿轮泵。

⑥慢慢关闭阀 3,增加压力,记录压力变化曲线。

⑦当听到响声,爆破片破裂,停止齿轮泵。

⑧关闭实验设备,释放压力,取出爆破片,并读出爆破压力。

1.4.5　实验数据

爆破片爆破压力变化趋势如图 1.4.2 所示。

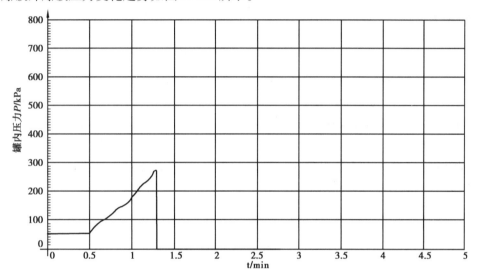

图 1.4.2　爆破片爆破压力变化趋势

1.4.6　思考与讨论

①若采用双层爆破片,爆破压力有一定程度的提高,这样是否合理? 为什么?

②假设容器内为有毒或易燃介质,如何保证罐内压力及安全?

实验 1.5　过程设备与控制多功能综合实验

1.5.1　实验内容

①圆筒筒壁热应力测量。

②测量该换热器不同工况下的传热系数。

③分别测量管程、壳程的压力降。

④换热器管程出口恒温控制。

1.5.2 实验原理

(1)换热器壳体应力测定实验

应力测定中通常用电阻应变仪来测定各点的应变值,并根据广义胡克定律,换算成相应的应力值。换热器壳体可认为处于二向应力状态,因此,在弹性范围内广义胡克定律表示如下:

周向应力为

$$\sigma_\theta = \frac{E}{1 - \nu^2}(\varepsilon_\theta + \nu\varepsilon_z) \tag{1.5.1}$$

轴向应力为

$$\sigma_z = \frac{E}{1 - \nu^2}(\varepsilon_z + \nu\varepsilon_\theta) \tag{1.5.2}$$

式中　E,ν——设备材料的弹性模量和泊松比;

　　　$\varepsilon_\theta,\varepsilon_z$——周向应变和轴向应变。

电阻应变仪的基本原理是将应变片电阻的微小变化,用电桥转换为电压或电流的变化。

在正常操作条件下,换热器壳体中的应力是流体压力载荷(壳程压力 P_s、管程压力 P_t)、温度载荷及重力与支座反力所引起的。因换热器的轴向弯曲刚度大,重力与支座反力在壳体上产生的弯曲应力相对较小,故可忽略。

因温度载荷只引起轴向应力,当压力载荷和温度载荷联合作用时,故有

$$\sigma_\theta = \sigma_\theta^p \tag{1.5.3}$$

$$\sigma_z = \sigma_z^p + \sigma_z^t \tag{1.5.4}$$

式中　σ_θ^p——压力载荷在换热器壳体中引起的环向应力,MPa;

　　　σ_z^p——压力载荷在换热器壳体中引起的轴向应力,MPa;

　　　σ_z^t——温度载荷在换热器壳体中引起的轴向应力,MPa。

(2)换热器换热性能及流体传热膜系数测定实验

换热器工作时,冷、热流体分别处在换热管的两侧,热流体把热量通过管壁传给冷流体,形成热交换。若换热器没有保温,存在热损失,则热流体放出的热量大于冷流体获得的热量。

热流体放出的热量为

$$Q_t = m_t c_{pt}(T_1 - T_2) \tag{1.5.5}$$

式中　Q_t——单位时间内热流体放出的热量,kW;

　　　m_t——热流体的质量流率,kg/s;

　　　c_{pt}——热流体的比定压热容,kJ/(kg·K),在实验温度范围内可视为常数;

　　　T_1,T_2——热流体的进出口温度,K 或℃。

冷流体获得的热量为

$$Q_s = m_s c_{ps}(t_2 - t_1) \tag{1.5.6}$$

式中　Q_s——单位时间内冷流体获得的热量,kJ/s;

　　　m_s——冷流体的质量流率,kg/s;

　　　c_{ps}——冷流体的比定压热容,kJ/(kg·K),在实验温度范围内可视为常数;

　　　t_1,t_2——冷流体的进出口温度,K 或℃。

损失的热量为

$$\Delta Q = Q_t - Q_s \tag{1.5.7}$$

冷热流体间的温差是传热的驱动力,对逆流传热,其平均温差为

$$\Delta t_m = \frac{\Delta t_1 - \Delta t_2}{\ln\left(\dfrac{\Delta t_1}{\Delta t_2}\right)} \tag{1.5.8}$$

式中

$$\Delta t_1 = T_1 - t_2, \Delta t_2 = T_2 - t_1$$

本实验着重考察传热速率 Q 和传热驱动力 Δt_m 之间的关系。

换热器的传热速率 Q 可表示为

$$Q = KA\Delta t_m \tag{1.5.9}$$

式中　Q——单位时间传热量,W;

　　　K——总传热系数,W/(m²·K);

　　　A——传热面积,$A = \pi d_0 nl$,m²;

　　　Δt_m—平均温差,K 或℃。

(3)换热器管程和壳程压力降测定实验

流体流经换热器时会出现压力损失。它包括流体在流道中的损失和流体进出口处的局部损失。通过测量管程流体的进口压力 P_{t1}、出口压力 P_{t2},便可得到管程流体流经换热器的总压力损失 $\Delta P_t = P_{t1} - P_{t2}$;通过测量壳程流体的进口力 P_{s1}、出口压力 P_{s1},便可得壳程流体流经换热器的总压力损失为

$$\Delta P_s = P_{s2} - P_{s1}$$

(4)换热器出口恒温度控制实验

换热器出口温度串级控制系统图如图 1.5.1 所示。

换热器出口温度控制系统为双回路串级控制系统。换热器出口温度串级控制系统方框图如图 1.5.2 所示。安装在换热器管程出口管路上热电阻温度传感器 TT 将换热器管程出口温度转换成电阻信号后输出至温度调节器 TC,TC 将温度信号与温度给定值比较后,根据其差值 e 的大小按比例积分 PI 调节规律向流量调节器 LC 输出流量给定值;同时,安装在换热器壳程进口管路上的涡轮流量传感器 LT 将进入换热器壳程的冷水流量信号输出至流量调节器 LC。LC 将来自温度调节器 TC 的流量给定值和来自 LT 的冷水流量值比较后,根据其差值 e 的大小,按比例 PI 调节规律驱动电动调节阀改变电动调节阀的开度,控制进入换热器壳程的冷水流量,达到恒定换热器管程出口温度的目的。

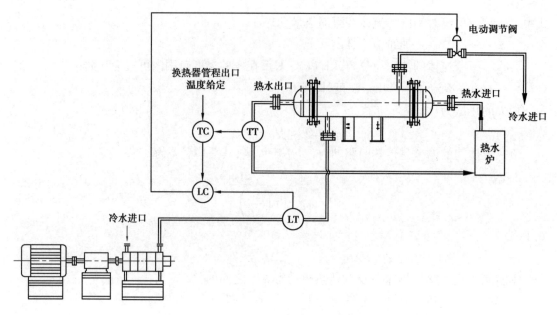

图 1.5.1 换热器出口温度串级控制系统图

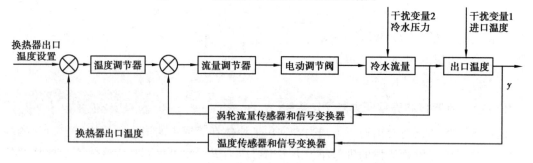

图 1.5.2 换热器出口温度串级控制系统方框图

控制参数如下:

1)控变量 y

换热器管程出口温度。

2)给定值(或设定值)y_s

对应于被控变量所需保持的工艺参数值。在本实验中,将换热器管程出口温度设置成 40 ℃。

3)测量值 y_m

由传感器检测到的被控变量的实际值。在本实验中,为换热器管程出口温度。

4)操纵变量(或控制变量)

实现控制作用的变量。在本实验中,为冷水流量。使用电动调节阀作为执行器对冷水流量进行控制。电动调节阀的输入信号范围:4 ~ 20 mA;输出:阀门开度 0 ~ 16 mm。

5)干扰(或外界扰动)f

干扰来自外界因素,将引起被控变量偏离给定值。在本实验中,采用突然改变离心泵转速的方法,改变离心泵出口压力,人为模拟外界扰动给控制变量造成干扰。

6）偏差信号 e

被控变量的实际值与给定值之差，即

$$e = y_s - y_m$$

式中　y_m——换热器出口温度；

　　　y_s——换热器出口温度设定值。

7）控制信号 u

工业调节器将偏差按一定规律计算得到的量。

8）管路特性曲线

当离心泵安装在特定的管路系统中工作时，实际的工作压头和流量不仅与离心泵本身的性能有关，还与管路特性有关。也就是说，在液体输送过程中，泵和管路两者是相互制约的。在一定的管路上，泵所提供的压头和流量必然与管路所需的压头和流量一致。若将泵的特性曲线与管路特性曲线绘在同一坐标图上，两曲线交点即为泵在该管路的工作点。因此，可通过改变泵转速来改变泵的特性曲线，从而得出管路特性曲线。泵的压头 H 计算同式（1.5.2）。

1.5.3　实验装置基本配置

实验装置基本配置见表 1.5.1。

表 1.5.1　实验装置基本配置

符号	设备名称	规格与型号	数量
P101	冷水多级立式离心泵	CDLF2-130FSWSC，$H = 98$ m，$Q = 3.5$ m³/h	1
P102	热水不锈钢卧式离心泵	WB50/025	1
E101	不锈钢固定管板换热器	换热面积 $F = 0.91$ m²	1
VA101	左放空阀	球阀	1
VA102	右放空阀	球阀	1
VA103	左壳程入水阀	球阀	1
VA104	右壳程入水阀	球阀	1
VA105	左管内入水阀	球阀	1
VA106	右管程入水阀	球阀	1
VA107	左壳程出水阀	球阀	1
VA108	左管内出水阀	球阀	1
VA109	右管内出水阀	球阀	1
VA110	右壳程出水阀	球阀	1
VA111	旁路调节阀	球阀	1
VA112	换热器放水阀	球阀	1
VA113	电动调节阀	DG25，PG16	1
VA114	冷水回水阀	球阀	1
VA115	冷水排水阀	球阀	1

续表

符号	设备名称	规　格	数量
VA116	冷水槽放水阀	球阀	1
VA117	热水槽放水阀	球阀	1
V101	冷水箱	不锈钢	1
V102	热水箱	不锈钢	1
F101	冷水涡轮流量传感器	LWY-25	1
F102	热水涡轮流量传感器	LWY-25	1
F103	文丘里流量计		1
	1—换热器压力1 2—换热器压力2 3—换热器压力3 4—换热器压力4	AI704B24VS	1
	1—换热器温度1 2—换热器温度2 3—换热器温度3 4—冷水箱温度	AI704BS	1
	1—立式泵电机功率 2—文丘里流量计压差	AI702B24VS	1
	换热器温度4	AI519B24VS	1
	立式泵出口压力	AI501B24VS	1
	立式泵入口压力	AI501B24VS	1
	冷水流量	AI719B24VS	1
	热水箱温度	AI501BS	1
	热水流量	AI501B24VS	1
	压力传感器	LKWYD	6
	电阻应变仪	CM-1L-16	1
	数显仪表	AI501B24VS	6
	数显仪表	AI704B24VS	2
	电器	空气开关 接触器	1
	计算机	CPU 酷睿1.6 GB,内存1.0 GB,硬盘160 GB,DVD 光驱,17 in 液晶显示器	1

1.5.4　实验装置流程图

过程设备与控制多功能综合实验装置流程示意图如图1.5.3所示,带控制点实验装置流程图如图1.5.4所示,实验装置面板图如图1.5.5所示。

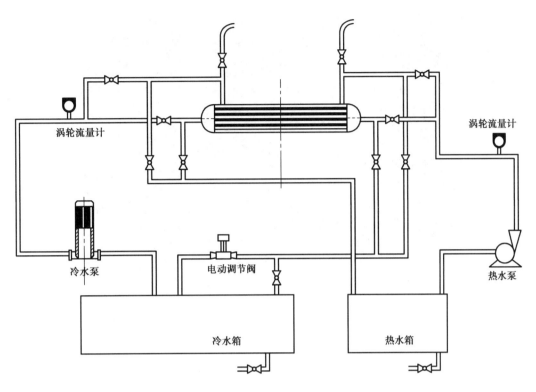

图 1.5.3　过程设备与控制多功能综合实验装置流程示意图

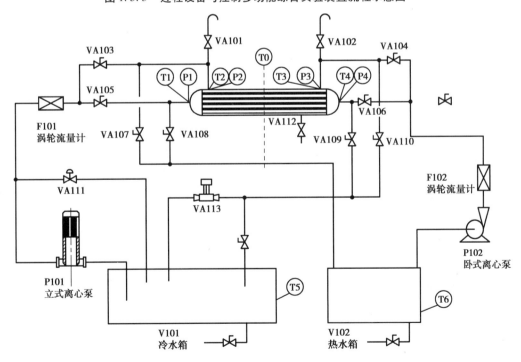

图 1.5.4　带控制点实验装置流程图

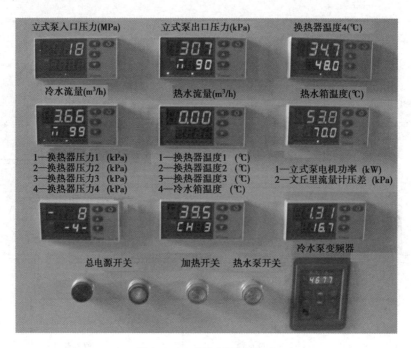

图 1.5.5　实验装置面板图

1.5.5　实验操作步骤

(1) 换热器壳体应力测定实验

1) 只受壳程压力载荷作用

①连接好应变仪, 开机检查所有测试点有无异常(显示为 E 短路或者断路)。

②打开阀门 VA103, VA110, 使冷水走壳程, 关闭其他阀门。

③启动立式离心泵, 调节出口压力表。

④记录相应的数据。

2) 受壳程压力和温度载荷联合作用

①连接好应变仪, 开机检查所有测试点有无异常(显示为 E 短路或者断路)。

②打开阀门 VA103, VA110, 使冷水走壳程；打开阀门 VA106, VA108, 使热水走管程。关闭其他阀门。

③启动立式离心泵, 调节出口压力表, 打开卧式热水离心泵。

④记录相应的数据。

(2) 换热器换热性能及流体传热膜系数测定实验

①取消流量控制仪表的外给定功能(AF2 = 0), 调节至手动状态, 输出为 10;将热水箱温度控制仪表调节至自动状态, 设定温度为 60;将出口压力控制仪表调节至手动状态, 输出为 100, 换热器出口温度控制仪表输出值为任意。

②打开加热开关, 打开 VA104 和 VA107, 使热水走壳程；打开 VA105 和 VA109, 使冷水走管程经过电动阀回水箱, 其他阀门关闭。

③等温度达到设定值时,启动卧式离心泵(注意:启动前需要灌泵)。

④启动立式离心泵(注意:启动前需要灌泵)。

⑤调节电动阀至某一开度,待温度相对稳定时记录数据(注:电动阀可与 VA109 配合使用)。

⑥重复第⑤步记录多组数据(建议流量由小到大)。

⑦数据处理。

⑧关闭立式离心,关闭泵卧式离心泵,关闭加热开关,结束实验。

(3)换热器管程和壳程压力降测定实验

1)管程压力降

①取消流量控制仪表的外给定功能,将控制仪表调节至手动状态,并设定热水箱温度控制仪表输出为 0,出口压力控制仪表输出为 100,换热器出口温度控制仪表输出值为任意。

②打开 VA105 和 VA109,使水走管程经过电动阀回水箱。

③启动立式离心泵(注意:启动前需要灌泵)。

④调节电动阀至某一开度,待流量稳定后记录数据(注:电动阀可与 VA109 配合使用)。

⑤重复第③步记录多组数据(建议流量由小到大)。

⑥对数据进行处理。

⑦关闭立式离心泵,结束实验。

2)壳程压力降

①取消流量控制仪表的外给定功能,将控制仪表调节至手动状态,并设定热水箱温度控制仪表输出为 0,出口压力控制仪表输出为 100,换热器出口温度控制仪表输出值为任意。

②打开 VA103 和 VA110,使水走壳程经过电动阀回水箱。

③启动立式离心泵(注意:启动前需要灌泵)。

④调节电动阀至某一开度,待流量稳定后记录数据(注:电动阀可与 VA109 配合使用)。

⑤重复第③步记录多组数据(建议流量由小到大)。

⑥对数据进行处理。

⑦关闭立式离心泵,结束实验。

(4)换热器出口恒温度控制实验

①调节冷水流量控制仪表具备外给定功能(AF2 = 1),调节至自动状态;将热水箱温度控制仪表调节至自动状态,将出口压力控制仪表调节至手动状态输出(Ⅱ = 100),换热器出口温度控制仪表调节至自动状态,温度设定值为 40。

②打开加热开关,打开 VA104 和 VA107,使热水走壳;打开 VA105 和 VA109,使冷水走管程经过电动阀回水箱,其他阀门关闭。

③等温度达到设定值时启动卧式离心泵(注意:启动前需要灌泵)。

④启动立式离心泵(注意:启动前需要灌泵)。

⑤待出口温度相对稳定时,稍改变换热器出口温度控制仪表设定值,并观察相关变化。

⑥关闭立式离心泵,结束实验。

1.5.6 实验结果及计算举例

(1) 换热器壳体应力测定实验

1) 只受壳程压力载荷作用

使冷水走壳程,记录某测点在不同压力下的应变值,见表1.5.2。

表1.5.2 某测点在不同压力下的应变值

P_{si}/MPa	P_{so}/MPa	P_s/MPa	ε_θ	ε_z
0.201	0.182	0.191 5	7	45
0.404	0.39	0.397	12	88
0.646	0.632	0.639	15	132
0.93	0.928	0.929	21	186

试求其实测和理论应力值。

①实测应力计算

壳程流体压力去壳程流体进出口压力的平均值为

$$P_s = \frac{P_{si} + P_{so}}{2} = 0.191\ 5\ \text{MPa}$$

由此可得

$P_{s1} = 0.191\ 5\ \text{MPa}, P_{s2} = 0.397\ \text{MPa}, P_{s3} = 0.639\ \text{MPa}, P_{s4} = 0.923\ \text{MPa}$

作 ε_θ-P_s 和 ε_z-P_s 关系曲线,并进行线性拟合。当 $P_s = 0$ 时, $\varepsilon_\theta = 0, \varepsilon_z = 0$,可得应变与压力的关系为

$$\varepsilon_\theta = 18.304P_s, \varepsilon_z = 189.92P_s$$

根据以上两式,可求出相应的应力值。由此可求出各种压力下的应力和应变,见表1.5.3。

表1.5.3 各种压力下的应力和应变

测点	P_s/MPa	ε_θ	ε_z	σ_θ/MPa	σ_z/MPa
	0.2	3.7	38	3.3	8.9
	0.4	7.3	76	6.5	17.8
1	0.6	11	114	9.8	26.7
	0.8	14.6	151.9	13.0	35.5

②理论应力计算

壳体中环向应力 σ_θ 可计算为

$$\sigma_\theta = \frac{p_s D_i}{2t}$$

式中　　D_i——壳体内径, $D_i = 151$ mm;

　　　　t——壳体壁厚, $t = 4$ mm。

壳体中,轴向应力 σ_z 计算较复杂,它包括作用在管板上的流体压力引起的轴向应力以及壳体在压力作用下的经向变形所引起的轴向应力(泊松效应,注意壳体和管子及管板构成

了静不定系统），并且与管板的变形有关。这里不作计算。

σ_θ 的计算见表 1.5.4。

表 1.5.4 σ_θ 的计算

P_s/MPa	σ_θ/MPa
0.2	3.78
0.4	7.55
0.6	11.33
0.8	15.10

2）受壳程压力和温度载荷联合作用

使热水走管程、冷水走壳程，记录某测点在不同压力、温度下的应变值，见表 1.5.5。

表 1.5.5 某测点在不同压力、温度下的应变值

T_1/℃	T_2/℃	t_1/℃	t_2/℃	ε_θ	ε_z
57.8	50	35.7	40.5	20	103
53.9	47	36.8	41.1	6	94
51.2	46.1	37	41.1	3	86
57.8	50	35.7	40.5	20	103

试计算实测及理论应力。

①实测应力计算（以表 1.5.5 中第一组数据为例进行计算）

管子壁温 t_1 和 t_s 可近似计算为

$$t_1 = \frac{T_1 + T_2 + t_1 + t_2}{4} = 46 \ ℃$$

$$t_s = \frac{t_1 + t_2}{2} = 38.1 \ ℃$$

因此，管子和壳体之间的温差为

$$\Delta t = t_1 - t_s = 7.9 \ ℃$$

对其他组的数据，作同样计算，结果见表 1.5.6。

表 1.5.6 计算结果

t_1/℃	t_s/℃	Δt/℃
46	38.1	7.9
44.7	38.95	5.75
43.85	39.05	4.8
46	38.1	7.9

作 ε_θ-Δt 和 ε_z-Δt 关系曲线，并进行线性拟合。当 $\Delta t = 0$ 时，$\varepsilon_\theta = 0$，$\varepsilon_z = 0$，可得应变与温差的关系为

$$\varepsilon_\theta = 5.261\,3\Delta t,\ \varepsilon_z = 5.47\Delta t$$

根据以上两式,可求出相应的应力值。由此可求出各种温差下的应力和应变,见表1.5.7。

表 1.5.7　各种温差下的应力和应变

$\Delta t/℃$	ε_θ	ε_z	σ_θ/MPa
8	42.090 4	43.76	1.3
12	63.135 6	65.64	1.9
15	78.919 5	82.05	2.4
20	105.226	109.4	3.2

②理论应力计算

压力和温度载荷联合作用下壳体中轴向应力 σ_z 的计算较复杂,这是因为壳体、管子和管板连接结构是一个静不定系统。目前,常见的理论分析模型有两种:一是将管板作为刚性板处理,不考虑管板的变形,也不考虑管孔的削弱作用,这种计算模型简单,但误差较大;二是将管板当成弹性板,考虑管子的支承作用和管孔的削弱作用,这种计算模型复杂,但误差较小。另外,还可应用有限元进行数值计算。有研究表明,有限元计算结果和弹性管板计算结果相接近。因此,σ_z 的理论计算不作要求。

③传热量和热损失的计算示例

传热量和热损失的计算见表1.5.8。

在换热性能实验中,测得换热器热水进口温度 $T_1 = 52.2\ ℃$,出口温度 $T_2 = 46.5\ ℃$;冷水进口温度 $t_1 = 37.2\ ℃$,出口温度 $t_2 = 44.0\ ℃$;热水走管程,其流量 $V_t = 1.07\ m^3/s$,冷水走壳程,其流量为 $0.49\ m^3/s$。

热流体进出口平均温度为

$$t_{mt} = \frac{T_1 + T_2}{2} = 49.3\ ℃$$

查《化工原理》附录,可得

$$\rho_t = 988.1\ kg/m^3,\ c_{pt} = 4.174\ kJ/(kg \cdot K)$$

故

$$m_t = V_t \rho_t = \frac{1.07 \times 988.1}{3\,600}kg/s = 0.293\ kg/s$$

$$Q_t = m_t c_{pt}(T_1 - T_2) = 0.293 \times 4.174 \times (52.2 - 46.5)kW = 6.982\ kW$$

损失的热量为

$$\Delta Q = Q_t - Q_s = 6.982\ kW - 3.83\ kW = 3.16\ kW$$

平均温差为

$$\Delta t_m = \frac{(T_1 - t_2) - (T_2 - t_1)}{\ln\left(\dfrac{T_1 - t_2}{T_2 - t_1}\right)} = 8.74\ ℃$$

总传热系数 K 的计算示例见表1.5.9。

表 1.5.8 传热量和热损失的计算

序号	热水进口温度 T_1/℃	热水出口温度 T_2/℃	冷水进口温度 t_1/℃	冷水出口温度 t_2/℃	热水流量 /(m³·h⁻¹)	冷水流量 /(m³·h⁻¹)	ΔQ/kW	Δt_m/℃	K/(kW·m⁻²·℃⁻¹)
1	52.20	46.50	37.20	44.00	1.07	0.49	3.16	8.74	0.48
2	55.10	49.80	40.90	49.10	1.07	0.34	3.30	7.35	0.48
3	55.10	49.80	41.00	49.00	1.07	0.34	3.38	7.37	0.47
4	53.80	48.50	43.80	46.70	1.07	0.80	3.84	5.82	0.50
5	56.50	50.30	45.00	48.20	1.07	0.99	3.96	6.69	0.60

表 1.5.9 总传热系数 K 的计算

序号	热水进口温度 T_1/℃	热水出口温度 T_2/℃	冷水进口温度 t_1/℃	冷水出口温度 t_2/℃	热水流量 /(m³·h⁻¹)	冷水流量 /(m³·h⁻¹)	总换热量 Q_s/kW	平均温差 Δt_m/℃	传热系数 K/(kW·m⁻²·℃⁻¹)
1	43.0	40.5	32.8	35.2	2.7	3.21	8.87	7.75	1.26
2	43.9	41.5	33.5	36	2.67	3.1	8.93	7.95	1.23
3	43.6	42.1	35.6	38.4	2.33	1.33	4.02	5.83	0.81

实验测得换热器热水进口温度 $T_1 = 43.6$ ℃，出口温度 $T_2 = 42.1$ ℃；冷水进口温度 $t_1 = 35.6$ ℃，出口温度 $t_2 = 38.4$ ℃；热水走管程，其流量 $V_t = 2.33$ m³/s，冷水走壳程，其流量为 1.33 m³/s。

(2)实测传热膜系数 K 的计算

计算实测传热系数(按冷水计算)为

$$A = \pi d_0 n l = \pi \times 0.016 \times 19 \times 0.955 \text{ m}^2 = 0.911 \text{ m}^2$$

$$\Delta t_m = \frac{(T_1 - t_2) - (T_2 - t_1)}{\ln\left(\dfrac{T_1 - t_2}{T_2 - t_1}\right)} = 0.81 \text{ ℃}$$

热流体进出口平均温度为

$$t_{ms} = \frac{T_1 + T_2}{2} = 42.85 \text{ ℃}$$

由查《化工原理》附录，可得

$$\rho_s = 992.2 \text{ kg/m}^3, c_{ps} = 4.174 \text{ kJ/(kg} \cdot$$

故

$$V_s = 2.33 \text{ m}^3 \text{h}$$

$$= \frac{2.33 \text{ m}^3}{\text{h} \cdot \dfrac{3\,600 \text{ s}}{\text{h}}} = 6.47 \times 10^{-4} \text{ m}^3/\text{s}$$

故

$$Q_s = V_s \rho_s c_{ps}(T_1 - T_2) = 4.02 \text{ kW}$$

$$K = \frac{Q_s}{A \Delta t_m} = 0.812 \text{ kW/(m}^2 \cdot \text{K)}$$

(3)换热器管程和壳程压力降测定实验

1)管程压力降

管程压力降实验数据见表 1.5.10。

表 1.5.10　管程压力降实验数据

序号	管程流量/(m³·h⁻¹)	管程压力 1/kPa	管程压力 2/kPa	管程 ΔP/kPa
1	3.68	156	140	16
2	3.47	268	245	23
3	3.15	404	372	32
4	2.77	557	518	39
5	2.38	695	648	47
6	2.15	754	702	52

管程压力降实验如图 1.5.6 所示。

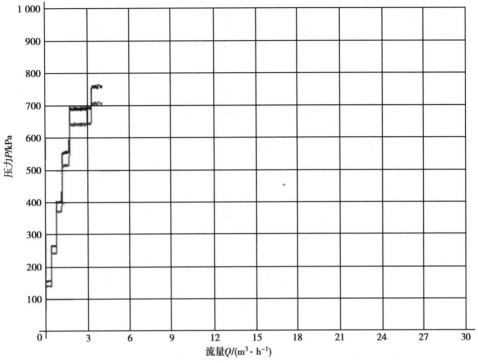

图 1.5.6 管程压力降实验

2) 壳程压力降

壳程压力降实验数据见表 1.5.11。

表 1.5.11 壳程压力降实验数据

序号	壳程流量/(m³·h⁻¹)	壳程压力 1/kPa	壳程压力 2/kPa	壳程 ΔP/kPa
1	3.64	167	160	7
2	3.39	277	272	5
3	3.06	421	416	5
4	2.64	567	564	3
5	1.99	768	768	0

壳程压力降实验如图 1.5.7 所示。

(4) 串级恒温度控制实验

设置冷水出口温度为 40.8 ℃时的响应曲线如图 1.5.8 所示。

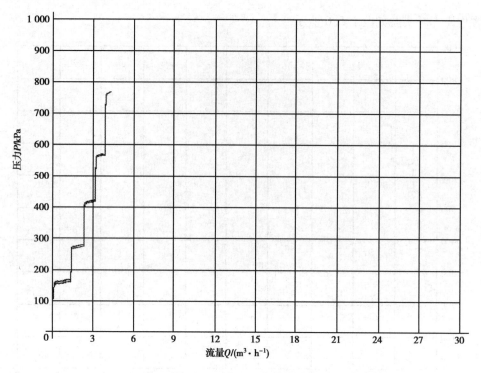

图 1.5.7　壳程压力降实验

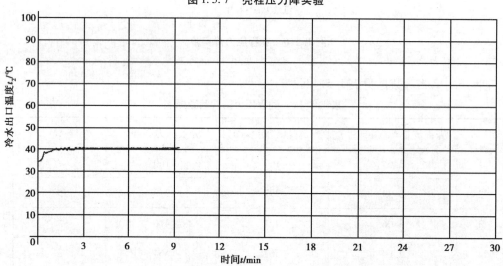

图 1.5.8　设置冷水出口温度为 40.8 ℃时的响应曲线

1.5.7　思考与讨论

①本实验中,如何提高换热量?（从强化换热的角度分析）

②换热器中的热损失主要来源于哪些因素? 如何减少热损失?

③如何设计一套换热器的状态监测系统?

第 2 部分　过程流体机械

实验 2.1　管路拆装实验

2.1.1　实验目的

①本实验能帮助学生理解和掌握流体流动与输送过程的相关原理和流程,掌握离心泵、阀门、仪表等操作技能及管路拆装规范操作。

②本实验能承担过程装备与控制工程专业学生流体流动与输送、管路维修等技能培训工作,承担化工企业操作工技能培训工作。

③训练学生熟练使用基本技能完成工业流体流动与输送操作,独立处理流体流动与输送操作中出现的各种问题,解决操作中的难题,在工艺革新和技术改革方面具备一定的资源分配能力。

④训练学生在规定的时间内完成实验任务。根据化工实际的生产中流体流动在达不到输送要求时,学会判断事故出现的原因并能及时处理,学生能独立对出现事故的管路进行拆卸、检修并最终完成装配,使整个管路恢复正常状态。

2.1.2　实验原理

要正确地安装管路,必须明确生产工艺的特点和操作条件的要求,遵循管路布置和安装的原则,绘制出配管图。组装时,首先将管路按现场位置分成若干段组装,然后从管路一端向另一端固定接口逐次组合,也可从管路二端接口向中间逐次组合。在组合过程中,必须经常检查管路中心线的偏差,尽量避免因偏离过大而造成最后合拢的接口处错口太大的现象。

2.1.3　实验试剂与仪器

(1)实验试剂

本实验的实验试剂为水。

（2）实验仪器

1）化工管路拆装实验装置

实验中,采取的化工管路拆装实验装置如图 2.1.1 所示。它主要由管道、泵、阀门、各种仪表及储罐等组成。

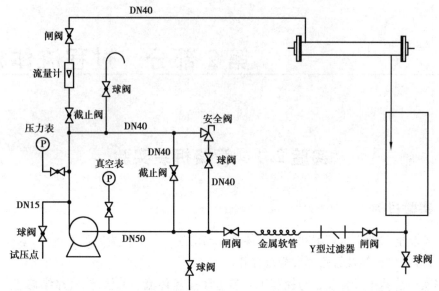

图 2.1.1　化工管路拆装实验装置示意图

2）其他仪器

其他仪器有各种拆装工具,如扳手、管钳、尺子等。

2.1.4　实验内容及步骤

（1）实验内容

①能识读、绘制化工管路装置图,正确使用工具进行管线组装、仪表连接、管道试压等。了解并掌握流量计、压力表、真空表的结构和使用方法。

②根据提供的流体输送管线流程图,准确填写安装管线所需管道、管件、阀门的规格型号及数量等的材料清单;按照材料清单,正确领取所需材料;准确列出组装管线所需的工具和易耗品等,正确领取工具和易耗品。

③完成化工管路中流体流动出现异常现象的排除操作,如管路堵塞,流量增大或减小,离心泵停止工作,离心泵发生汽蚀,以及管路漏水等故障。

④完成离心泵的启动、试车、流量调节、异常现象的处理及停车操作。

⑤严格按管路拆装安全规范进行操作。

（2）实验步骤

①认识常用工具,并且选用合适拆装工具和拆装方法将由管道、泵、阀门、各种仪表及储罐等组成的管路装置进行拆装。管路拆装:管路的安装应保证横平竖直,水平管其偏差不大

于 3L‰。法兰安装:要做到对得正、不反口、不错口、不张口。安装前应对法兰、螺栓、垫片进行外观、尺寸材质等检查。未加垫片前,将法兰密封面清理干净,其表面不得有沟纹;垫片的位置要放正,不能加入双层垫片;紧固法兰时要做到拧紧螺栓时,应对称成十字交叉进行,以保证垫片各处受力均匀;拧紧后的螺栓露出丝扣的长度不应大于螺栓直径的 1/2,并应不小于 2 mm,即紧好之后螺栓两头应露出 2~4 扣;管道安装时,每对法兰的平行度、同心度应符合要求。法兰与法兰对接联接时,密封面应保持平行。法兰与管子组装时,应注意法兰的垂直度。为便于安装和拆卸,法兰平面距支架和墙面的距离应不小于 200 mm。当管道的工作温度高于 100 ℃时,螺栓表面应涂一层石墨粉和机油的调和物,以便于操作。当管道需要封堵时,可采用法兰盖;法兰盖的类型、结构、尺寸及材料应与所配用的法兰相一致。

②使用测量工具对管路进行测量,记录管路尺寸;使用 CAD 软件绘制装置的工艺流程图,准确填写安装管线所需管道、管件、阀门的规格型号及数量等的材料清单。

③水压试验。安装完毕后,做 0.3 MPa 的水压试验,维持 5 min 无渗漏,即为合格;之后完成离心泵的启动、试车、流量调节及停车操作。

2.1.5 实验数据分析与处理

①将各管道及设备尺寸测量出来。
②绘制流程图,并标注配件名称。

2.1.6 思考与讨论

①拆卸的顺序应遵循什么原则?
②为了保证从装置拆下的零件能再次使用,应注意些什么?

实验 2.2　压缩机的拆装实验

2.2.1 实验目的

①认识活塞式压缩机结构和工作原理,通过对设备的拆装训练进一步强化对设备结构和性能的了解,将实物与书本知识有机地结合起来。

②通过对活塞式压缩机的拆装训练,掌握活塞式压缩机的拆装方法与步骤,熟悉常用工具的使用;有利于将从书本学来的间接经验转变为自己的直接经验,为将从事的工作诸如设备的安装、维护、修理等打好基础。

③通过集体训练,大家共同分析和讨论相关的问题,如拆装过程中出现问题的排除、矛盾想象的分析等,以训练良好的工作技能。

2.2.2 实验原理

(1)活塞式空压机的主要构成和工作原理

工作原理电机通过皮带带动曲轴旋转,经由连杆带动活塞作往复运动,使气缸、活塞阀组所成的空间产生周期变化达到压缩空气的目的。经压缩后的压缩空气经排气管、单向阀进入储气罐。

（2）空压机的组成

空压机整机主要由动力驱动部件（电动机、三角带、联轴器、防护罩等）、主机（机头）、储气罐部件、控制部件（气压开关、电磁启动器、热保护器、安全阀、调压阀、减荷阀、放气阀、放污阀、压力表等）、管路部件（单向阀、排气管、中冷器）等组成。下面着重介绍空压机的控制系统和主机部件。

1）空压机控制系统

空压机的自动控制系统分为电控和气控两种。微型空压机通常采用"电控"的方法，即受气压控制的气压开关直接或通过电磁启动器间接控制电机。电机要求空载启动机头产生的压缩空气通过排气管、单向阀进入储气罐，其气压达到额定压力后会顶动开关内的橡胶片使跳板动作。跳板动作有两个作用：一是分离触点切断电源使电机停转，或通过电磁启动器使电机停转；二是打开放气阀通过回气管、单向阀将排气管内的压缩空气放出，为电机下一次空载启动作好准备。当储气罐内的气压下降 0.2 ~ 0.3 MPa，气压开关触点复位，电动机再次启动。气压开关是常闭触点顶端有调节螺杆可高速停机压力。有的气压开关在横向还有一连接跳板弹簧的调节螺钉，与顶端调节螺栓配合可在一定范围调整重新起跳的压差。受气压开关控制的电磁启动器是由交流接触器和热过载继电器组成的。交流接触器是常开触点，气压开关通电，使交流接触器的电磁线圈吸合，导通触点。热继电器有一电流高速旋钮，可根据电机额定电流进行调定。如电流过载，热继电器动作断电后要恢复运转，可按下复位按钮使其重新工作。当超过 7.5 kW 的电机不宜频繁启动或以内燃机作为动力不能采用电控的情况下，空压机就采用"气控"的方法来实现空载运行和负载运行保持连续运转。气控是通过调节阀来控制的，当压力达到额定压力时，调节阀开启将压力传递到减荷阀上，减荷阀动作来调节主机运行。

2）主机部件

主机部件主要由曲轴箱、轴承座、风扇轮、曲轴、平衡锤、连杆、活塞、活塞销、活塞环、气缸、进排气阀、缸盖、消音滤清器、呼吸管及连接缸盖排气口之间的短排气管组成。进排气阀位于气缸与缸盖之间可看成两只单向阀，进气阀只进不出，排气阀只出不进。随着活塞的往复运动，不仅气缸内的容积发生变化，而且曲轴箱内的容积也发生变化，这就需要呼吸管来平衡曲轴箱内的气压变化。对两级压缩的空压要在一级排气和二级进气之间设置有中冷器，起冷却作用。

2.2.3　实验试剂及仪器

（1）实验试剂

煤油、润滑油、棉纱等（煤油主要用于零件的清洗，润滑油的主要作用是防止生锈和避免干摩擦）。

（2）实验仪器

1）活塞式压缩机装置

活塞式压缩机装置如图 2.2.1 所示。

2）其他仪器

其他仪器有活扳手、呆扳手、套筒扳手、尖嘴钳、螺钉旋具、橡皮锤及三爪拉马等。

图 2.2.1 活塞式压缩机装置

2.2.4 实验内容及步骤

（1）实验内容

1）压缩机的拆卸和安装

其主要包括轴封室、曲轴箱侧盖、汽缸盖、阀板组、拆卸曲轴及活塞连杆组。

拆卸注意事项如下：

①拆卸前，将制冷压缩机外表面擦干净。

②按顺序拆卸。

③在每个部件上作记号，防止方向位置在组装时颠倒。

④拆卸下来的管道用高压空气试吹，以检验其干净和畅通，合格后用塑料带绑带扎封闭管端，防止污物进入。

⑤安装后的设备在拆卸和清洗过程中，不可用力过猛，锤击时用橡皮锤轻打。

2）活塞环的拆装

活塞环是装于活塞环槽内具有弹性的金属圆环。按其功用的不同，可分为气环和油环两种。气环的作用是密封压缩室和导热作用；油环的作用主要是使气缸壁的滑油分布均匀，并刮除气缸壁上过多的润滑油。

①活塞环的拆卸应使用专用工具来进行

在没有专用工具时，一般要用麻绳或铁丝弯成环形套在拇指上。分别挂在活塞环开口两端，缓慢地用力使活塞环张开后进行拆装。张开活塞环时，应尽量使它在能拆卸的条件下张开得小些，否则很容易拆断或使活塞环受到内伤，使之很快疲劳断裂。拆下的活塞环应按次序放置以备检查，不要弄乱顺序或随意乱放。

②活塞环的安装

装配到活塞上的活塞环，其搭口间隙，天地间隙和弹力情况均已检查符合要求。安装活塞环时，应注意其断面倒角，若是没有倒角的普通气环，安装时没有反正之分。若是有倒角的气环，应将倒角的一边安装在下方，这种环能增强对气缸壁的压力，更好地刮去气缸壁上多余的机油。

3）设备、零件的清洗

清洗分初洗和净洗两个步骤。初洗时，先去掉加工面上的除锈油、油漆、铁锈等污物，再用细布蘸上清洗剂擦洗，然后用煤油洗，直到基本干净为止。净洗时，要另换干净的煤油再洗一次(可用汽油清洗),直到洗净为止,然后用机油防止生锈。

(2)实验步骤

1)压缩机的拆卸

主要是指从压缩机整机拆卸成为各个部件。通常的操作顺序如下:

①拆卸轴封室

首先均匀地松开轴封端盖螺栓,对称留下两只螺母暂不拆下,其余的螺母均匀地拧下;然后用手推住端盖慢慢取下端盖,并顺次取出外密封圈、固定环活动环等。注意不要碰伤固定环与活动环的密封面。

②拆卸曲轴箱侧盖

拆下螺母后,即可将前后侧盖取下。若侧盖和密封垫片粘牢,可在黏合面中间位置用薄錾子剔开,注意不要损伤垫片。然后检查曲轴箱内有无污物或金属屑等。

③拆卸气缸盖

把气缸盖上的螺母拆掉,在拆掉螺母时,两边长螺栓的螺母要最后松开。松开时,两边同时进行,并观察石棉垫片粘到机体部分多,还是粘到气缸盖部分多。用螺钉旋具将石棉垫片铲到一边,防止损坏,然后将螺母均匀卸下。

④拆卸阀板组

拆下气缸盖后,接着取出排气阀组和吸气阀片。要将气阀组编号,并放在一起,便于检查和重装。

⑤拆卸曲轴和活塞连杆组

首先将压缩机电机一侧的螺母用专用套筒或扳手拧下,取下电机转子;然后将曲轴转到合适的位置,使其从活塞大头连杆的孔中滑出;最后将活塞连同活塞连杆一起从压缩机气缸中取出。拆曲轴和活塞时,要注意曲拐部分不要碰伤后轴承座孔,活塞不要碰伤气缸壁。

2)压缩机的装配程序

压缩机的总装配是将各个组装好的部件逐一装入机体。一台压缩机是由许多零部件组装而成的。整机的性能好坏与每一零件的材质、加工质量以及技术要求等都有很大的关系。仅有合格的零部件而没有合格的装配技术,也会影响制冷压缩机的性能。因此,装配压缩机时,要按照装配程序进行,以保证零部件装得又快又正确。

①清洗

首先把各零件上的铁锈、氧化层、残存型砂及加工毛刺等消除干净;然后用汽油或煤油清洗,再用压缩空气吹干;最后放入烘箱里烘干,并密封保存。

②检查零件

装配新压缩机时,各种要装配的零件都必须具有合格证明。若不能确保其合格,应按图样要求仔细检查。若发现不合格者,应进行修理或更换。对修理后的压缩机的装配,应按照检修的要求,对相应的零部件进行检查后再装配。

③把零件或组件组装成部件

一台现代高速多缸的制冷压缩机的零件数量很大,常达数百个。为了避免总装时搞乱搞错,提高装配效率,通常先把它们分别组装成较简单的部件或组件,再把各部分分别进行调试,并合格检验。

④把各组件及部件组装成压缩机

通常情况下,压缩机装配的顺序是与拆卸的顺序相反的。因此,在此不再多作叙述。需要注意的是,凡是在安装两个相对运动的部件时,都要在其零件的表面涂上润滑油,以减小两个相对运动部件之间的摩擦力。

2.2.5 实验数据分析与处理

①绘制示意图草图。

②在草图上写出每个部件名称及其该部件的功用。

2.2.6 思考与讨论

①压缩机拆卸的顺序应遵循什么原则?

②为了保证从压缩机上拆下的零件能再次使用,应注意些什么?

实验 2.3 离心泵性能实验

2.3.1 实验目的

①熟悉离心泵的结构、性能及特点,练习并掌握其操作方法。

②掌握离心泵特性曲线和管路特性曲线的测定方法和表示方法,加深对离心泵性能的了解。

2.3.2 实验原理

离心泵实验原理详见教材《过程流体机械》4.2 节。

2.3.3 实验试剂及仪器

(1)实验试剂

本实验的实验试剂为水。

(2)实验仪器

1)离心泵性能测定实验装置

离心泵性能测定流程如图 2.3.1 所示。

设备面板如图 2.3.2 所示。

2)其他仪器

其他仪器为 1 把小扳手。

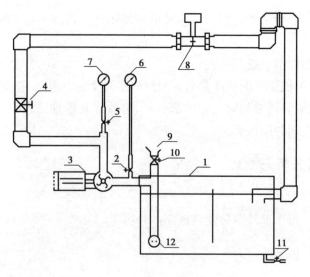

图 2.3.1　离心泵性能测定流程示意图

1—水箱;2—泵入口真空表控制阀;3—离心泵;4—流量调节阀;5—泵出口压力表控制阀;

6—泵入口真空表;7—泵出口压力表;8—涡轮流量计;9—灌泵入口;

10—灌水控制阀;11—排水阀;12—底阀

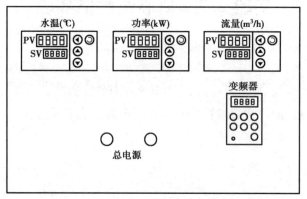

图 2.3.2　设备面板示意图

2.3.4　实验内容及步骤

(1)实验内容

①熟悉离心泵的结构与操作方法。

②测定某型号离心泵在一定转速下的特性曲线。

(2)实验步骤

①向水箱 1 内注入蒸馏水,检查流量调节阀 4、压力表 7 及真空表 6 的控制阀 5 和 2 是否关闭。

②启动实验装置总电源,由于本设备是有一定安装高度的,因此,要运行必须要灌泵才能启动泵,从灌水口 9 灌水直至水满为止。

③按变频器的"RUN"键启动离心泵,测取数据的顺序可从最大流量开始逐渐减小流量至 0 或反之。一般测取 10 ~ 20 组数据。通过改变流量调节阀 4 的开度测定数据。

④测定数据时,一定要在系统稳定条件下进行,分别读取流量计、压力表、真空表、功率表及流体温度等数据,并记录。

⑤实验结束时,关闭流量调节阀 4,停泵,切断电源。

2.3.5　实验数据分析与处理

(1)数据处理过程举例

涡轮流量计读数:9.00 m^3/h。

泵入口压力表读数: -0.052 MPa。

压力表读数:0.025 MPa。

功率表读数:0.75 kW。

其计算公式为

$$H = (Z_出 - Z_入) + \frac{P_出 - P_入}{\rho g} + \frac{u_出^2 - u_入^2}{2g}$$

当 $d = 0.036$ m 时

$$u_入 = \frac{Q}{\frac{\pi}{4}d_入^2} = \frac{\frac{9.00}{3\ 600}}{\frac{\pi}{4} \times 0.036^2}\ m/s = 2.46\ m/s$$

当 $d = 0.042$ m 时

$$u_出 = \frac{Q}{\frac{\pi}{4}d_出^2} = \frac{\frac{9.00}{3\ 600}}{\frac{\pi}{4} \times 0.042^2}\ m/s = 1.81\ m/s$$

则

$$H = 0.265\ m + \frac{(0.052 + 0.025) \times 10^6}{996.05 + 9.81}\ m + \frac{1.81^2 - 2.46^2}{2 \times 9.81}\ m = 8.00\ m$$

$$N = 0.75\ kW \times 60\% = 0.45\ kW = 450\ W$$

$$\eta = \frac{N_e}{N}$$

故

$$N_e = \frac{HQ\rho}{102} = \frac{9.00 \times \frac{8.00}{3\ 600} \times 1\ 000}{102}\ kW = 0.196\ kW$$

$$\eta = \frac{0.196}{0.450} = 43.5\%$$

(2)数据表格及图形

离心泵性能测定数据见表 2.3.1。

表 2.3.1 离心泵性能测定数据

序号	入口压力 P_1/MPa	出口压力 P_2/MPa	电机功率 /kW	流量 Q /(m³·h⁻¹)	$u_入$ /(m·s⁻¹)	$u_出$ /(m·s⁻¹)	压头 H/m	泵轴功率 N/W	η /%
				水温度 18.3 ℃, 液体密度 ρ = 996.05 kg/m, 泵进出口高度 = 0.265 m					
1									
2									
3									
4									
5									
6									
7									
8									
9									
10									
11									
12									
13									

离心泵管路特性数据见表 2.3.2。

表 2.3.2 离心泵管路特性数据

序号	电机频率 /Hz	入口压力 P_1/MPa	出口压力 P_2/MPa	流量 Q /(m³·h⁻¹)	$u_入$ /(m·s⁻¹)	$u_出$ (m·s⁻¹)	压头 H/m
1							
2							
3							
4							
5							
6							
7							
8							
9							
10							
11							
12							
13							
14							
15							

离心泵性能-管路特性曲线如图 2.3.3 所示。

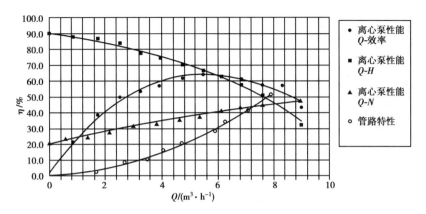

图 2.3.3　离心泵性能-管路特性曲线

2.3.6　思考与讨论

①启动离心泵之前要注意些什么?

②使用变频调速器时,一定注意 FWD 指示灯是亮的,不能按"FWD REV"键,如果按"FWD REV"键,会出现什么状况?

实验 2.4　离心泵串并联性能实验

2.4.1　实验目的

①熟悉离心泵的结构、性能及特点,练习并掌握其操作方法。

②掌握离心泵串联和并联特性曲线的测定方法和表示方法,加深对离心泵性能的了解。

2.4.2　实验原理

离心泵实验原理详见教材《过程流体机械》4.2 节。

在实际生产中,当单台离心泵不能满足输送任务要求时,可采用几台离心泵加以组合。离心泵的组合方式原则上有串联和并联两种。

(1)串联操作

将两台型号相同的泵串联工作时,每台泵的压头和流量也是相同的。因此,在同一流量下,串联泵的压头为单台泵的 2 倍,但实际操作中两台泵串联操作的总压头必低于单台泵压头的 2 倍。应当注意,串联操作时,最后一台泵所受的压力最大,如串联泵组台数过多,可能会导致最后一台泵因强度不够而受损坏。

(2)并联操作

设将两台型号相同的离心泵并联操作,而且各自的吸入管路相同,则两台泵的流量和压头必相同,也就是说具有相同的管路特性曲线和单台泵的特性曲线。在同一压头下,两台并联泵的流量等于单台泵的 2 倍,但由于流量增大使管路流动阻力增加,因此,两台泵并联后的总流量必低于原单台泵流量的 2 倍。由此可知,并联的台数越多,流量增加得越少,故 3 台泵以上的泵并联操作,一般无实际意义。

2.4.3　实验试剂及仪器

（1）实验试剂

本实验的实验试剂为水。

（2）实验仪器

1）泵的串并联装置

泵的串并联装置如图 2.4.1 所示。

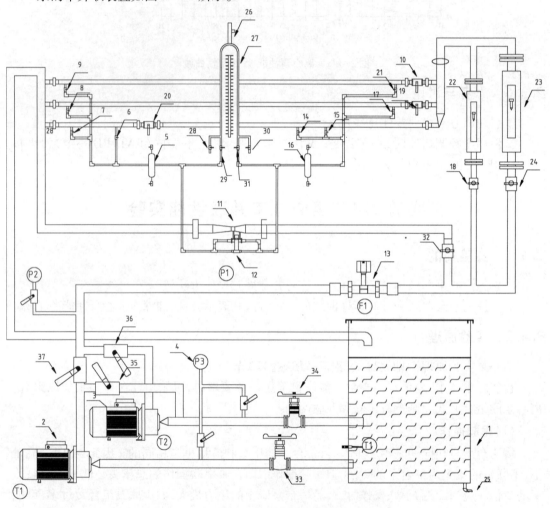

图 2.4.1　泵的串并联装置示意图

1—水箱;2—离心泵;3—离心泵入口真空表及传感器;4—离心泵出口压力表及传感器;5,16—缓冲罐;

6,14—测局部阻力近端阀;7,15—测局部阻力远端阀;8,17—粗糙管测压阀;9,21—光滑管测压阀;

10,19—局部阻力阀;11—节流式流量计;12—压力传感器;13—涡流流量计;18,24—阀门;20—粗糙管阀;

22—小转子流量计;23—大转子流量计;25—水箱放水阀;26—倒 U 形管放空阀;

27—倒 U 形管;28,30—倒 U 形管排水阀;29,31—倒 U 形管平衡阀;32—电动球阀;

33,34,35,36,37—离心泵串并联控制阀

实验装置仪表面板如图 2.4.2 所示。

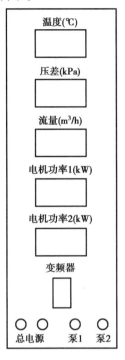

图 2.4.2 实验装置仪表面板

2)实验设备主要技术参数

实验设备主要技术参数见表 2.4.1 和表 2.4.2。

表 2.4.1 实验设备主要技术参数(一)

序 号	名 称	规格与型号	材 料
1	玻璃转子流量计	LZB-25,100 ~ 1 000 L/h VA1-K15F,0 ~ 100 L/h	
2	压差传感器	0 ~ 200 kPa	不锈钢
3	离心泵 2 台	WB70/055	不锈钢
4	文丘里流量计	喉径 0.020 m	不锈钢
5	实验管路	管径 0.043 m	不锈钢
6	真空表	测量范围 $-0.1 ~ 0$ MPa,精度 1.5 级 真空表测压位置管内径 $d_1 = 0.028$ m	
7	压力表	测量范围 $0 ~ 0.25$ MPa,精度 1.5 级 压强表测压位置管内径 $d_2 = 0.042$ m	
8	涡轮流量计	LWY-40,测量范围 $0 ~ 20$ m³/h	
9	变频器	E310-401-H3,规格 $0 ~ 50$ Hz	

表 2.4.2 实验设备主要技术参数(二)

管道	管径/m	管长/m
光滑管	0.008	1.7
粗糙管	0.010	1.7

注:真空表与压强表测压口之间的垂直距离 $H_0 = 0.23$ m。

2.4.4 实验内容及步骤

(1)实验内容

①熟悉离心泵的结构与操作方法。

②测定某型号离心泵串联和并联在一定转速下的特性曲线。

(2)实验步骤

1)单泵操作

向储水槽内注入蒸馏水。压力表 2 的开关及真空表 3 的开关是否关闭(应关闭)。

启动离心泵,缓慢打开调节阀 32 至全开。待系统内流体稳定,即系统内已没有气体,打开压力表和真空表的开关,方可测取数据。

用阀门 32 调节流量,从流量为零至最大或流量从最大到零,测取 10~15 组数据,同时记录涡轮流量计频率、文丘里流量计的压差、泵入口压强、泵出口压强、功率表读数,并记录水温。

实验结束后,关闭流量调节阀,停泵,切断电源。

2)双泵串联操作

首先将全部阀门关闭,打开阀门 35 和 38,打开总电源开关,同时启动泵Ⅰ和泵Ⅱ,并打开阀门 36,实验数据测量与单泵相同。

3)双泵并联操作

首先将全部阀门关闭,打开阀门 37 和阀门 38,打开总电源开关,同时启动泵Ⅰ和泵Ⅱ,并打开阀门 34 和 36,实验数据测量与单泵相同。

(3)实验注意事项

①仔细阅读数字仪表操作方法说明书,待熟悉其性能和使用方法后再进行使用操作。

②启动离心泵之前,以及从光滑管阻力测量过渡到其他测量之前,都必须检查所有流量调节阀是否关闭。

③利用压力传感器测量大流量下 P 时,应切断倒置(空气-水)玻璃管的阀门,否则将影响测量数值的准确。

④在实验过程中,每调节一个流量后,应待流量和直管压降的数据稳定以后,方可记录数据。

⑤若较长时间未使用该装置,启动离心泵时,应先盘轴转动,以免烧坏电机。

⑥该装置电路采用五线三相制配电,实验设备应良好接地。

⑦使用变频调速器时,一定注意 FWD 指示灯亮,切忌按"FWD REV"键。REV 指示灯亮时,电机反转。

⑧启动离心泵前,必须关闭流量调节阀,关闭压力表和真空表的开关,以免损坏测量仪表。

⑨实验用水要用清洁的蒸馏水,以免影响涡轮流量计的运行和寿命。

2.4.5　实验数据分析与处理

(1)数据处理过程举例(以表2.4.4 中第 1 组数据为例)

涡轮流量计读数:$Q = 9.41 \ \mathrm{m^3/h}$。

功率表读数:0.8 kW。

离心泵出口压力表:0.036 MPa。

离心泵入口压力表:-0.047 MPa。

实验水温 $t = 10.4 \ ℃$。

黏度 $\mu = 1.33 \times 10^{-3} \ \mathrm{Pa \cdot s}$。

密度 $\rho = 999.39 \ \mathrm{kg/m^3}$。

其计算公式为

$$H = (Z_{出} - Z_{入}) + \frac{P_{出} - P_{入}}{\rho g} + \frac{u_{出}^2 - u_{入}^2}{2g}$$

$$H = 0.58 \ \mathrm{m} + \frac{(0.036 + 0.047) \times 10^6}{999.39 \times 9.81} \ \mathrm{m} = 9.05 \ \mathrm{m}$$

则

$$N = 功率表读数 \times 电机效率 = 0.8 \ \mathrm{kW} \times 60\% = 0.480 \ \mathrm{kW} = 480 \ \mathrm{W}$$

$$\eta = \frac{N_e}{N}$$

$$N_e = \frac{HQ\rho}{102} = \frac{9.05 \times 9.41/3 \ 600 \times 1 \ 000 \times 999.39}{102} \ \mathrm{W} = 231.8 \ \mathrm{W}$$

$$\eta = \frac{231.8}{480} \times 100\% = 48.29\%$$

(2)实验数据表格及图形

离心泵性能测定数据及特性曲线见表2.4.3—表2.4.5 和图2.4.3、图2.4.4。

表 2.4.3　离心泵性能测定数据(一)

序号	入口压力 P_1/MPa	出口压力 P_2/MPa	电机功率 /kW	流量 Q /(m³·h⁻¹)	$u_{入}$ /(m·s⁻¹)	$u_{出}$ /(m·s⁻¹)	压头 H/m	泵轴功率 N/W	η /%
水温度 18.3 ℃,液体密度 $\rho = 996.05 \ \mathrm{kg/m}$,泵进出口高度 = 0.265 m									
1									
2									

续表

序号	入口压力 P_1/MPa	出口压力 P_2/MPa	电机功率 /kW	流量 Q /(m³·h⁻¹)	$u_入$ /(m·s⁻¹)	$u_出$ /(m·s⁻¹)	压头 H/m	泵轴功率 N/W	η /%
3									
4									
5									
6									
7									
8									
9									
10									
11									
12									
13									

表 2.4.4　离心泵性能测定数据(二)

液体温度	10.4 ℃		泵进出口高度			0.58 m	
液体密度	999.39 kg/m³		管径			0.04 m	
序号	入口压力 P_1/MPa	出口压力 P_2/MPa	电机功率 /kW	电机功率 /kW	流量 Q /(m³·h⁻¹)	压头 h /m	泵轴功率 N/W	η /%
---	---	---	---	---	---	---	---	---
1	−0.052	0.035	0.72	0.82	10.18	9.45	924	28.372
2	−0.046	0.105	0.76	0.81	9.67	15.98	942	44.689
3	−0.035	0.175	0.77	0.8	8.55	22.00	942	54.392
4	−0.026	0.24	0.74	0.76	7.27	27.71	900	60.975
5	−0.02	0.26	0.71	0.73	6.47	29.14	864	59.439
6	−0.014	0.3	0.67	0.69	5.53	32.61	816	60.194
7	−0.01	0.32	0.63	0.65	4.71	34.24	768	57.199
8	−0.006	0.34	0.58	0.6	3.68	35.87	708	50.788
9	−0.003	0.37	0.53	0.55	2.75	38.63	648	44.651
10	0	0.39	0.48	0.49	1.33	40.4	582	25.1
11	0	0.42	0.4	0.42	0.00	43.4	492	0.0

表 2.4.5 离心泵双泵串联性能测定数据

液体温度	10.4 ℃			泵进出口高度			0.58 m	
液体密度	999.39 kg/m³			管径			0.04 m	
序号	入口压力 P_1/MPa	出口压力 P_2/MPa	电机功率 /kW	电机功率 /kW	流量 Q /(m³·h⁻¹)	压头 h /m	泵轴功率 N/W	η /%
1	−0.03	0.08	0.75	0.77	15.27	11.80	912	53.817
2	−0.025	0.1	0.73	0.75	13.97	13.33	888	57.123
3	−0.02	0.12	0.7	0.71	12.63	14.86	846	60.429
4	−0.015	0.13	0.69	0.67	11.32	15.37	816	58.080
5	−0.01	0.14	0.66	0.62	9.68	15.88	768	54.520
6	−0.008	0.15	0.64	0.59	8.74	16.70	738	53.860
7	−0.005	0.16	0.61	0.54	7.18	17.41	690	49.348
8	−0.003	0.17	0.58	0.5	5.91	18.23	648	45.279
9	0	0.18	0.54	0.48	4.66	18.94	612	39.283
10	0	0.19	0.46	0.45	2.66	20.0	546	26.5
11	0	0.21	0.4	0.41	0.04	22.0	486	0.5

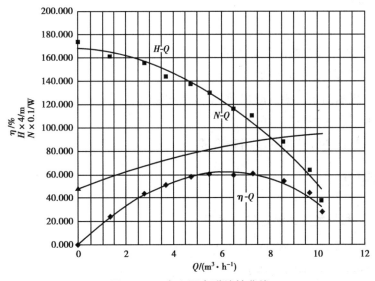

图 2.4.3 离心泵串联特性曲线

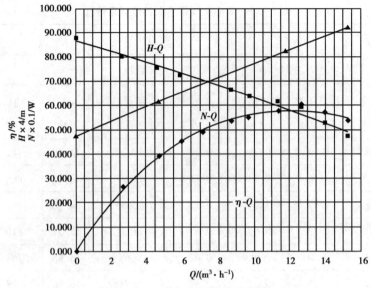

图 2.4.4　离心泵并联特性曲线

2.4.6　思考与讨论

如何测量管道特性曲线?

实验 2.5　压缩机性能实验

2.5.1　实验目的

①了解往复活塞式压缩机的结构特点。

②了解温度、压差等参数的测定方法,以及计算机数据采集与处理。

③掌握压缩机排气量的测定原理及方法。

④掌握压缩机示功图的测试原理、测量方法和测量过程。

⑤了解脉冲计数法测量转速的方法。

⑥掌握测试过程中计算机的使用和测量。

2.5.2　实验原理

(1)活塞压缩机排气量的测定实验原理

用喷嘴法测量活塞式压缩机的排气量是目前广泛采用的一种方法。它是利用流体流经排气管道的喷嘴时,在喷嘴出口处形成局部收缩,从而使流速增加,经压力降低,并在喷嘴的前后产生压力差。流体的流量越大,在喷嘴前后产生的压力差就越大,两者具有一定的关系。因此,测出喷嘴前后的压力差值,就可间接地测量气体的流量。排气量的计算公式为

$$Q_0 = 1\,129 \times 10^{-6} C d_0^2 \frac{T_{X1}}{P_1} \sqrt{\frac{\Delta P \cdot P_0}{T_1}} \qquad (2.5.1)$$

式中 d_0——喷嘴直径,本实验用喷嘴 $d_0 = 19.05$ mm;

$\quad\quad C$——喷嘴系数,所用喷嘴系数用线图和喷嘴系数表查出,近似为 0.988;

$\quad\quad T_{X1}$——吸气温度,K;

$\quad\quad P_1$——吸气压力,$\times 10^5$ Pa(或 MPa);

$\quad\quad T_1$——喷嘴前温度,K;

$\quad\quad P_0$——实验现场大气压,$\times 10^5$ Pa;

$\quad\quad \Delta P$——喷嘴前后压差,kPa。

通过测量装置,计算机采集吸入气体温度 T_{X1}、排出气体温度 T_1、喷嘴压差 ΔP,利用上述公式可计算出排气量 Q_0。

(2)传感器的布置和安装

排气量的测试需要测量出喷嘴前后的压力差、环境温度和排气温度 3 个参数。因此,需要安装测量这 3 个参数的传感器。它们的布置如图 2.5.1 所示。

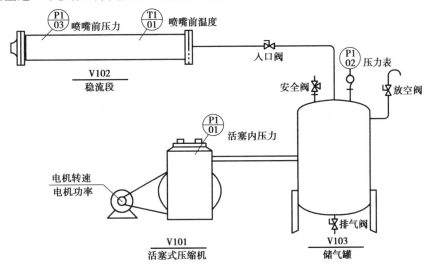

图 2.5.1　活塞式压缩机性能测定实验装置

1)排气压力传感器

在与储气罐相连接的排气管上,在排气截止阀前端安装压力传感器来测量排气压力,传感器的型号为 SM9320DP,量程为 1 MPa。

2)喷嘴前后压差传感器

传感器选用 SM9320DP 型压差传感器,量程为 10 kPa。

3)测温热电阻传感器

型号均为 Pt100。

(3)活塞压缩机的示功图测试原理

通过安装在一级气缸吸气阀上的一只压力传感器,将一级气缸内的压力转换为电压信号,并输送到测试仪中通过电桥转换和信号放大,然后进入计算机,经过采集和 A/D 转换变为数字信号,通过软件的处理和标定系统,还原为压力值。在一个压缩循环中,通过测转速的脉冲信号来获得初始采集点。当测得的脉冲信号值最大时,活塞刚好运动到外止点,也即膨胀开始点,这时开始进行示功图采集。

通过计算机软件,画出往复活塞式压缩机示功图,并显示到计算机的屏幕上。

2.5.3 实验试剂及仪器

(1)实验试剂

本实验的实验试剂为空气。

(2)实验仪器

1)压缩机性能测定实验装置

压缩机性能测定实验装置如图 2.5.1 所示。压缩机实验装置基本配置见表2.5.1。

表 2.5.1　实验装置基本配置

序号	名　称	规格与型号	数量
1	接近开关	SFS-15	1
2	温度变送器	0～200 ℃	1
3	压力变送器	0～1 MPa	1
4	压力变送器	0～1.6 MPa	1
5	压力变送器	0～10 kPa	1
6	功率变送器	380V/5 kW/4～20 mA	1
7	数字显示仪	厦门宇电 AI 系列	6
8	数据采集板	PCI2013	1
9	计算机	CPU 酷睿 1.6 GB,内存 1.0 GB,硬盘 160 GB,DVD 光驱,17 in 液晶显示器,集成显卡	1
10	活塞式压缩机	捷豹 ET65	1
11	储气罐	0.3 m³	1
12	喷嘴流量计	喷嘴口径 10.0 mm	1

2)其他仪器(无)

2.5.4 实验内容及步骤

（1）实验内容

①压缩机性能测定。

②压缩机示功图测定。

（2）实验步骤

①开启计算机，启动计算机和压缩机的测试软件。

②检查压力传感器、压差传感器和温度计是否正常。

③检查压缩机是处于开车前的准备状态后，方可启动压缩机。待压缩机转速达到正常稳定后，逐渐关小排气调节阀，并由排气压力表观察排气压力。缓慢升高排气压力，待排气压力达到 0.1 MPa 后，稳定一段时间。

④按照要求分别测取排气压力、喷嘴前压力、排气温度、缸内压力、压缩机转速及电机功率。在计算机上，即可得出示功图。

⑤分别在排气压力为 0.2，0.3，0.4，0.5 MPa 下进行参数测试。改变排气压力后，继续测量。

⑥卸压过程：停止压缩机后，逐渐打开放空阀，缓慢将压缩机排气压力降到 0 kPa。

⑦实验结束，一切复原。

2.5.5 实验数据分析与处理

压缩机性能数据和结果见表 2.5.2、图 2.5.2 和图 2.5.3。

表 2.5.2　压缩机性能数据

序号	转速 /(r·min^{-1})	罐内压力 /kPa	喷嘴压差 /kPa	电机功率 /kW	温度 /℃	Q_0 /(m³·min^{-1})	N_z /kW	G_1 /(m³·min^{-1})	N_{ad} /kW	η /%	压缩比
1	1 151	4.00	4.07	2.14	33.3	0.385	1.712	0.469	0.025	1.44	1.04
2	1 151	52.00	4.03	2.16	34.4	0.383	1.728	0.467	0.277	16.04	1.51
3	1 152	105.00	3.92	2.23	34.8	0.378	1.784	0.461	0.490	27.47	2.04
4	1 146	149.00	3.85	2.29	35.1	0.374	1.832	0.457	0.636	34.70	2.47
5	1 145	210.00	3.63	2.37	34.8	0.363	1.896	0.443	0.791	41.74	3.07
6	1 146	302.00	3.21	2.48	35.2	0.342	1.984	0.417	0.953	48.01	3.98
7	1 144	414.00	2.75	2.60	34.9	0.316	2.080	0.386	1.078	51.81	5.09
8	1 143	442.00	2.62	2.62	34.5	0.309	2.096	0.377	1.095	52.24	5.36
9	1 142	511.00	2.29	2.65	34.1	0.289	2.120	0.352	1.117	52.69	6.04
10	1 138	552.00	2.21	2.66	33.5	0.283	2.128	0.346	1.148	53.97	6.45
11	1 136	645.00	1.85	2.72	33.3	0.259	2.176	0.316	1.149	52.82	7.37
12	1 140	737.00	1.64	2.75	33.0	0.244	2.200	0.298	1.166	53.01	8.28

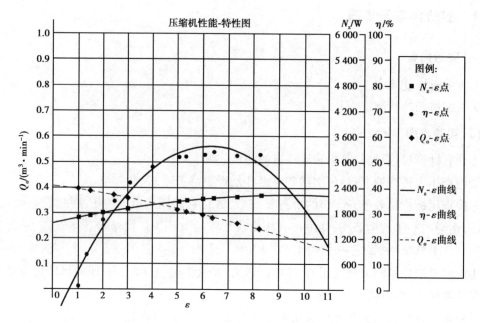

图 2.5.2　性能实验结果图

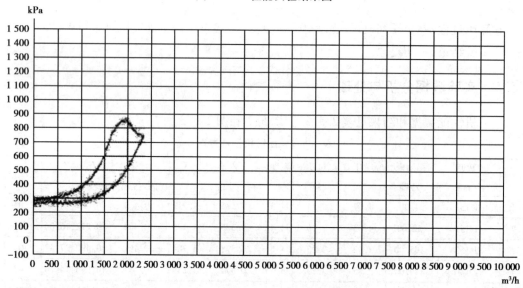

图 2.5.3　示功图

2.5.6　思考与讨论

喷嘴工作的原理是什么？

第 3 部分　过程装备腐蚀与防护

实验 3.1　金属腐蚀原理

3.1.1　实验目的

通过腐蚀微电池、原电池、极化与去极化对腐蚀速度的影响、钝化 4 个定性实验,使学生对金属的电化学腐蚀原理有初步的感性认识,加深对金属腐蚀理论的理解。

3.1.2　实验原理

(1) 金属表面的化学成分不均匀而引起的腐蚀微电池

以碳钢为例,外表看起来没有区别的金属,实际上其化学成分是不均匀的,如铁素体(0.006% C)、渗碳体 Fe_3C(6.67% C)等。在电解质溶液中,铁素体部位的电位高于金属基体,在金属表面上形成许多微阴极和微阳极。在电解质溶液(如 NaCl 溶液)存在的条件下,形成了腐蚀微电池,阳极发生氧化反应,阴极发生还原反应。

当含有酚酞和铁氰化钾的盐水接触钢板表面以后,出现的蓝色斑点是微电池的阳极区,铁腐蚀产生的 Fe^{2+} 和 NaCl 溶液中事先加入的铁氰化钾的 $Fe(CN)_6^{3-}$ 化合,生成滕氏蓝,故阳极区域呈现蓝色。蓝色以外的区域是阴极区,发生氧分子获得电子的还原反应,生成 OH^-,遇到 NaCl 溶液中事先加入的酚酞指示剂,故阴极区域呈现粉红色。随着时间的延长,液滴中的氧逐渐被消耗,阳极反应会逐渐停止。阳极区产物 Fe^{2+} 和阴极区产物 OH^- 在扩散作用下相遇,首先生成 $Fe(OH)_2$,然后被大气中的氧进一步氧化生成棕褐色的铁锈,故在中心的蓝色区域和边缘的粉红色区域之间会出现一棕褐色圆环。

(2) 腐蚀原电池

金属腐蚀的原因之一就是异种金属连接构成腐蚀原电池,引起了电化学腐蚀。宏观腐蚀电池主要可分为以下两类:

①不同的金属放入相同或不同的电解质溶液中。例如,丹尼尔电池是不同金属浸入不同电解质溶液中的例子。又如,钢铁部件用铜铆钉进行组接,并一起放入电解质溶液中,就

属于不同金属浸入相同电解质溶液中的例子。

②浓差电池。同一种金属浸入同一种电解质溶液中。若局部浓度不同,即可形成腐蚀电池,如氧浓差电池。

研究电化学腐蚀时,腐蚀电池理论是十分重要的。它是研讨各种腐蚀类型和腐蚀破坏形态的基础。

(3)极化与去极化

将碳钢片和铜片浸入 3% 的 NaCl 溶液中,并与微安表连成回路。合上开关后,电流会逐步减小,最后减小到一个较为稳定的数值,如图 3.1.1 所示。腐蚀电池工作后,腐蚀电流急剧衰减是因电化学过程中存在极化现象,使阳极电位升高,阴极电位降低,而电路的欧姆电阻不变,故腐蚀电流会降低。

此腐蚀电池的阴极反应主要是耗氧反应,故溶液中的氧含量也会影响腐蚀电流的大小。影响氧含量的主要因数有 NaCl 溶液浓度、溶液流速、阴/阳极面积比。

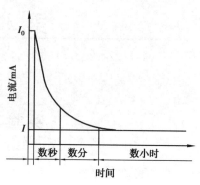

图 3.1.1　极化引起的电流变化

(4)金属的钝化

碳钢属于可钝化金属,室温下在较高浓度的硝酸中能发生钝化,由活态转为钝态。硝酸是强氧化性酸,碳钢在硝酸中发生电化学腐蚀时,在阴极区充当去极剂的是 H^+ 和 NO_3^-。NO_3^- 中的 N 为 +5 价,它在阴极获得电子后被还原成 +2 价(生成 NO)或 +4 价(生成 NO_2)。生成的 NO,NO_2 气体从阴极表面逸出,而 H^+ 获得电子生成的氢原子,很快又被 HNO_3 分解出的新生氧原子氧化生成水分子,故阴极表面很少有氢气逸出。

碳钢在室温下的硝酸中,其腐蚀行为随酸浓度不同而异,如图 3.1.2 所示。当硝酸浓度低于 40% 时,碳钢处于活性状态,其腐蚀速率随硝酸浓度增大而增高;硝酸浓度为 40% ~ 50% 时,碳钢处于活性-钝性的不稳定钝化状态;当浓度达到 50% ~ 60% 后,碳钢发生钝化,表面上出现一层银灰色的钝化膜,肉眼不再能看见有 NO,NO_2 气体逸出。

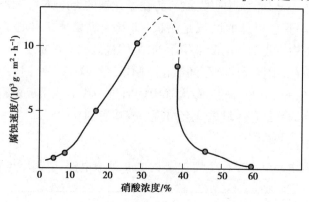

图 3.1.2　Fe 的腐蚀速度与硝酸浓度的关系(25℃)

3.1.3　实验试剂及仪器

(1) 实验试剂

实验试剂见表 3.1.1。

表 3.1.1　实验试剂

名称	化学式	纯度级别
硝酸	HNO_3	68 wt%
乙醇	C_2H_5OH	99.5%
酚酞	$C_{20}H_{14}O_4$	AR
铁氰化钾	$K_3[Fe(CN)_6]$	AR
氯化钠	$NaCl$	AR
超纯水	—	—
盐酸	HCl	38 wt%

(2) 实验仪器

本实验所用的主要实验仪器及耗材有 45 号碳钢片(2 cm×1 cm)、铜片、100 mL 烧杯、1 000 mL烧杯、1 mL 注射器、1 000 目水磨砂纸、一次性滴管(3 mL)、数字万用电表、电子天平、磁力搅拌器、导线、称量纸及玻璃棒等。

3.1.4　实验内容与步骤

(1) 腐蚀微电池

①用砂纸将 45 号碳钢片打磨平整,至光亮。再用去离子水冲洗,用滤纸吸干,用含有无水乙醇的棉球擦拭干净,待用。

②配制 0.1 mol/L 的 NaCl 溶液 40 mL,再加入 1 wt% 的酚酞酒精溶液 0.5 mL 和 1 wt% 的铁氰化钾溶液 3 mL,得到盐水滴溶液。

③将盐水溶液滴在准备好的 45 号碳钢上,观察覆盖盐水滴的碳钢颜色随时间的变化。

(2) 宏观腐蚀原电池

①用砂纸将 45 号碳钢片、铜片打磨至光亮。再用去离子水冲洗,用滤纸吸干,用含有无水乙醇的棉球擦拭干净,待用。

②配制 0.2 mol/L 的 HCl 溶液 60 mL,将 45 号碳钢片和铜片分别悬挂于该溶液中,观察、记录碳钢片、铜片表面的现象。

③将 45 号碳钢片和铜片用导线相连接后悬挂于 0.2 mol/L 的 HCl 溶液中,观察、记录碳钢片、铜片表面的现象。

(3) 极化与去极化

①用砂纸将 45 号碳钢片、铜片打磨至光亮。再用去离子水冲洗,用滤纸吸干,用含有无

水乙醇的棉球擦拭干净,待用。

②分别配制 0.3% ,3% ,10% 的 NaCl 溶液,45 号碳钢片、铜片放置于 NaCl 溶液中,连接电流表、开关、电机夹(注意:电机夹不要浸入 NaCl 溶液中),组成腐蚀原电池。

③观察开关接通瞬间两个电极表面以及电流表指针的变化。观察不同浓度 NaCl 溶液、不同搅拌速度、不同阴阳极面积比时电流表的变化情况。

(4)碳钢的钝性

①分别配制 50 mL 质量浓度为 5% ,40% ,50% ,60% 的硝酸溶液。

②将 45 号碳钢片打磨光滑,分别将 45 号碳钢片放入质量浓度为 5% ,40% ,50% ,60% 的硝酸溶液中,观察碳钢片表面发生的变化。

③将浸泡在 50% ,60% 硝酸溶液中的 45 号碳钢片,取出放置于 5% 的硝酸溶液中,观察其表面发生的变化。

3.1.5 实验数据分析与处理

分别记录上述各实验现象,并根据原理分析产生此现象的原因。

3.1.6 思考与讨论

①覆盖盐水滴的碳钢颜色变化过程是什么? 如何区分阳极区和阴极区? 阴极、阳极的电化学反应和显色反应分别是什么?

②微观腐蚀电池与宏观腐蚀电池的区别是什么?

③分析电极产生极化的原因。

④硝酸浓度对 45 号碳钢的钝化有什么影响?

实验 3.2　失重法测定金属腐蚀速度

3.2.1 实验目的

①通过实验进一步了解金属腐蚀现象和原理,了解某些因素(如不同介质,介质的浓度,以及是否加有缓蚀剂等)对金属腐蚀速度的影响。

②掌握一种测定金属腐蚀速度的方法——质量法。

3.2.2 实验原理

目前,测定腐蚀速度的方法很多,如质量法、电阻法、极化曲线法及线形极化法等。所谓质量法,就是使金属材料在一定的条件下(一定的温度、压力、介质浓度等)经腐蚀介质一定时间的作用后,比较腐蚀前后该材料的质量变化,从而确定腐蚀速度的一种方法。

对均匀腐蚀,根据腐蚀产物容易除去或完全牢固地附着在试样表面的情况,可分别采用单位时间、单位面积上金属腐蚀后的质量损失或质量增加来表示腐蚀速度,即

$$K = \frac{W_0 - W}{st} \qquad (3.2.1)$$

式中　K——腐蚀速度，$g/m^2 \cdot h$（K 为负值时，为增重腐蚀产物未清除）；

　　　s——试样面积，m^2；

　　　t——实验时间，h；

　　　W_0——实验前试片的质量，g；

　　　W——实验后试片的质量，g（清除腐蚀产物后）。

对均匀腐蚀的情况，以上腐蚀速度很容易按下式换算成以深度表示的腐蚀速度，即

$$K_e = \frac{24 \times 365}{1\ 000} \times \frac{K}{d} = 8.76 \times \frac{K}{d} \qquad (3.2.2)$$

式中　K_e——1 年腐蚀深度，mm/a；

　　　d——实验金属的密度，g/cm^3。

质量法是一种经典的实验方法，至今仍然被广泛应用，这主要是因为实验结果较真实、可靠，所以一些快速测定腐蚀速度的实验结果还常常需要与其对照。质量法又是一种应用范围广泛的实验方法。它适用于室内外多种腐蚀实验，可用于评定材料的耐蚀性能，评选缓蚀剂，以及改变工艺条件时检查防蚀效果等。质量法是测定金属腐蚀速度的基础方法，因此，学习并掌握这一方法是十分必要的。

本实验是碳钢在敞开的酸溶液中的全浸实验，用质量法测定其腐蚀速度。金属在酸中的腐蚀一般是电化学腐蚀，因条件的不同，故呈现出复杂的规律。酸类对金属的腐蚀规律很大程度上取决于酸的氧化性。非氧化性的酸，如盐酸，其阴极过程纯粹是氢去极化过程；氧化性的酸，其阴极过程则主要是氧化剂的还原过程。酸中加入适量缓蚀剂，能阻止金属腐蚀速度或降低金属腐蚀速度。

3.2.3　实验试剂及仪器

(1) 实验试剂

实验试剂见表 3.2.1。

表 3.2.1　实验试剂

名称	化学式	纯度级别
硝酸	HNO_3	68 wt%
乙醇	C_2H_5OH	99.5%
乌洛托品	$C_6H_{12}N_4$	AR
硫脲	CH_4N_2S	AR
超纯水	—	—
盐酸	HCl	38 wt%

（2）实验仪器

本实验所用的主要实验仪器及耗材有 45 号碳钢片（2 cm×1 cm）、1 000 mL 烧杯、量筒、毛刷、尼龙丝、1 000 目水磨砂纸、一次性滴管（3 mL）、游标卡尺、电热恒温鼓风干燥箱、分析天平、称量纸及玻璃棒等。

3.2.4 实验内容与步骤

（1）试样的准备工作

①先用砂纸将 45 号碳钢片打磨至光亮。再用去离子水冲洗，用滤纸吸干，用含有无水乙醇的棉球擦拭干净，并将 45 号碳钢片放入干燥器中干燥 24 h。

②试样编号，以示区别。

③准确测量试样尺寸，用游标卡尺准确测量试样尺寸，计算出试样面积，并将数据记录在表 3.2.2 中。

表 3.2.2　试样尺寸

编号	长 a /mm	宽 b /mm	厚 c /mm	面积 S	备 注
1					
2					
3					
4					
5					
6					
7					
8					

④将干燥后的试样放在分析天平上称重，准确度应达 0.1 mg，称量结果记录在表 3.2.3 中。

表 3.2.3　腐蚀实验各参数

组别	腐蚀介质	编号	腐蚀时间 t	试样原重 W_0 /g	腐蚀后重 W /g	失重量 W_0-W /g	腐蚀速率 K	腐蚀深度 K_e	缓蚀率 /%	备注
一		1								
		2								
二		3								
		4								

续表

组别	腐蚀介质	编号	腐蚀时间 t	试样原重 W_0 /g	腐蚀后重 W /g	失重量 W_0-W /g	腐蚀速率 K	腐蚀深度 K_e	缓蚀率 /%	备注
三		5								
		6								
四		7								
		8								

（2）腐蚀实验

①分别配制 500 mL 下列溶液：20% H_2SO_4，20% H_2SO_4 + 硫脲（10 g/L），20% HNO_3，60% HNO_3，将其分别放在 4 个预先冲洗干净的烧杯中。

②将试样按编号分成 4 组（每组两片），用尼龙丝悬挂，分别浸入以上 4 个烧杯中。试样要全部浸入溶液，每个试样浸泡深度要求大体一致，上端应在液面以下 20 mm。

③自试样浸入溶液时开始记录腐蚀时间，0.5 h 后，将试样取出，用水清洗。

（3）腐蚀产物的去除

腐蚀产物的清洗原则是应除去试样上所有的腐蚀产物，而只能去掉最小量的基本金属。通常去除腐蚀产物的方法有机械法、化学法和电化学方法。本实验试采用机械法和化学法。

①机械法去除腐蚀产物。若腐蚀产物较厚，可先用毛刷擦净表面。

②化学法除锈。配制 12% HCl 溶液，再加入 1% ~2% 乌洛托品得到除锈液。常温下，将腐蚀后的 45 号碳钢片放入除锈液中浸泡 2 h。

③除净腐蚀产物后，先用水清洗试样（先用自来水后用去离子水）。再用乙醇擦洗、滤纸吸干表面，用纸包好，放在干燥器内干燥 24 h。

④干燥后的试样称重，并将结果记录在表 3.2.3 中。

3.2.5 实验数据分析与处理

金属腐蚀性能的评定方法分为定性和定量两类。

（1）定性评定方法

①观察金属试样腐蚀后的外形，确定腐蚀是均匀的还是不均匀的；观察腐蚀产物的颜色，分布情况，以及金属表面结合是否牢固。

②观察溶液颜色有否变化，是否有腐蚀产物的沉淀。

（2）定量评定方法

如果腐蚀是均匀的，可根据式（3.2.1）计算腐蚀速度，并可根据式（3.2.2）换算成年腐蚀深度。根据下式计算 20% H_2SO_4 加硫脲后的缓蚀率，即

$$g = \frac{K_1 - K_2}{K_1} \times 100\%$$

式中　K_1——未加缓蚀剂时的腐蚀速度；

　　　K_2——加入缓蚀剂后的腐蚀速度。

3.2.6　思考与讨论

①为什么试样浸泡前表面要经过打磨？

②为什么要保证试样面积与溶液体积之比？放太多的试样或同时放几种类型不同的金属对腐蚀速度测定有何影响？

实验 3.3　恒电位法测定阳极极化曲线

3.3.1　实验目的

①掌握恒电位法测定阳极极化曲线的原理和方法。

②绘制并比较一般金属(镁合金)和有钝化性能(碳钢)的金属的阳极极化曲线的异同，初步掌握有钝化性能的金属在腐蚀体系中的临界孔蚀电位的测定方法。

③通过阳极极化曲线的测定，判定实施阳极保护的可能性，初步选取阳极保护的技术参数，了解击穿电位和保护电位的意义。

④掌握恒电位仪的使用方法，了解恒电位技术在腐蚀研究中的重要作用。

3.3.2　实验原理

阳极电位和电流的关系曲线，称为阳极极化曲线。为了判定金属在电解质溶液中采取阳极保护的可能性，选择阳极保护的 3 个主要技术参数，即致钝电流密度、维钝电流密度和钝化区的电位范围，需要测定阳极极化曲线。

阳极极化曲线可用恒电位法和恒电流法测定。如图 3.3.1 所示为一条较典型的阳极极化曲线。一般金属(镁合金)的阳极极化曲线为 ax 曲线。对有钝化性能的金属(碳钢)，曲线 $abcdef$ 是恒电位法(即维持电位恒定，测定相应的电流值)测定的阳极极化曲线。当电位从 a 逐渐向正移动到 b 点时，电流也随之增加到 b 点；当电位过 b 点以后，电流反而急剧减小，这是因为在金属表面生成了一层高电阻耐腐蚀的钝化膜，钝化开始发生。人为控

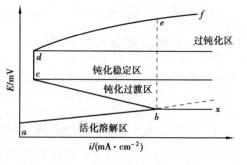

图 3.3.1　阳极极化曲线

制电位的增高，电流逐渐衰减到 c。在 c 点之后，电位若继续增高，由于金属完全进入了钝化状态，因此，电流维持在一个基本不变的很小的值，即维钝电流。当使电位增高到 d 点以后，金属进入了过钝化状态，电流又重新增大。从 a 点到 b 点的范围，称为活化溶解区；从 b 点

到 c 点的范围,称为钝化过渡区;从 c 点到 d 点的范围,称为钝化稳定区;过 d 点以后,称为过钝化区。对应 b 点的电流密度,称为致钝电流密度;对应 cd 段的电流密度,称为维钝电流密度。

若把金属作为阳极,通以致钝电流使之钝化,再用维钝电流去保护其表面的钠化膜,可使金属的腐蚀速度大大降低,这就是阳极保护的原理。

用恒电流法测不出上述曲线的 $bcde$ 段。在金属受到阳极极化时,其表面发生了复杂的变化,电极电位成为电流密度的多值函数。因此,当电流增加到 b 点时,电位即由 b 点跃增到很正的 e 点,金属进入了过钝化状态,反映不出金属进入钝化区的情况。由此可知,只有用恒电位法才能测出完整的阳极极化曲线。

本实验采用恒电位仪逐点恒定阳极电位,同时测定对应的电流值,并在半对数坐标上绘成 E-i 曲线,即为恒电位阳极极化曲线。

3.3.3 实验试剂及仪器

(1)实验试剂

实验试剂见表3.3.1。

表3.3.1 实验试剂

名称	化学式	纯度级别
硫酸	H_2SO_4	98 wt%
乙醇	C_2H_5OH	99.5%
氯化钠	NaCl	AR
超纯水	—	—

(2)实验仪器

本实验所用的主要实验仪器及耗材有45号碳钢片(2 cm×1 cm)、镁合金片(2 cm×1 cm)、500 mL 烧杯、1 000 目水磨砂纸、一次性滴管(3 mL)、游标卡尺、分析天平、称量纸、玻璃棒、数字万用电表、电化学工作站(或恒电位仪)、计算机、饱和甘汞电极、铂电极及电解池(400 mL)。

3.3.4 实验内容及步骤

①把45号碳钢工作电极用1 000 目砂纸逐步打磨光滑,用乙醇清洗,吹干待用。

②用万用电表分别检测待测电极、辅助电极连接处等是否处于导通状态。

③将待测电极、辅助电极、参比电极分别连接到恒电位仪的"研(或 WE)""参(或 RE)""辅(或 CE)"线柱上,而且还必须把待测电极连接到恒电位仪的接地接线柱上,如图 3.3.2 所示。待测电极和辅助电极要相对且平行放置。开通电化学工作站(或恒电位仪)之前,务必检查各接头是否连接正确。

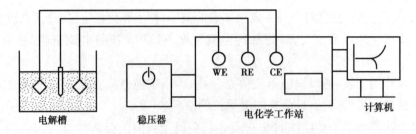

图3.3.2　恒电位仪测极化曲线示意图

④取150 mL 0.05 mol/L的硫酸溶液放入电解池中,打开电化学工作站(或恒电位仪),选择腐蚀电位-时间菜单,稳定10~15 min,开始测量45号碳钢在0.05 mol/L硫酸中自腐蚀电位随时间的变化,这是在无外加电流条件下进行的测量。

⑤恒电位法测量45号碳钢的阳极极化曲线。

首先选择仪器的动电位扫描菜单,并输入相应的测试参数,通常测试参数的确定参考腐蚀电位的数值大小,然后通过几次预扫描,最后选择合理的测试参数,如扫描起始电位、终止电位和扫描速率等。如果测量的自腐蚀电位约为 - 0.5V(SCE),则建议电位扫描范围为 - 1.0~1.0 V。该实验的电位扫描速率建议为120 mV/min 左右。测试参数确定后,即可进行极化测量,并仔细观察极化曲线的形状及各个电极表面的现象。

⑥导出数据,作出45号碳钢的阳极极化曲线。

3.3.5　实验数据分析与处理

①将测试条件、实验现象及实验结果记录于表3.3.2中。

表3.3.2　测试条件、实验现象及实验结果

	实验温度		实验现象
测试条件	实验介质		
	工作电极		
	辅助电极		
	参比电极		
	扫描速率		
	起始电位		
	终止电位		
实验结果	致钝电位		
	致钝电流密度		
	维钝电位		
	维钝电流密度		
	钝化区间		

②用 Origin 软件绘出阳极极化曲线,在曲线上确定致钝电位、致钝电流密度、维钝电位、维钝电流密度及钝化区间,并填入表 3.3.2 中。

③初步分析 45 号碳钢在 0.05 mol/L 硫酸溶液中进行阳极保护的可能性。

3.3.6 思考与讨论

①分析阳极极化曲线各线段和各拐点的意义。

②阳极极化曲线对实施阳极保护有何指导意义?如要对某种体系进行阳极保护,首先必须明确哪些参数?

③为了安全使用恒电位仪,应注意些什么?

实验 3.4 塔菲尔直线外推法测定金属的腐蚀速度

3.4.1 实验目的

①掌握塔菲尔直线外推法测定金属腐蚀速度的原理和方法。

②测定碳钢在 1 mol/L HAc + 1 mol/L NaCl 混合溶液中腐蚀电密 i_c、阳极塔菲尔斜率 b_a 和阴极塔菲尔斜率 b_c。

③加深对活化极化控制的电化学腐蚀体系在强极化区的塔菲尔关系的了解。

④学习用恒电流法绘制极化曲线。

3.4.2 实验原理

金属在电解质溶液中腐蚀时,金属上同时进行着两个或多个电化学反应。例如,铁在酸性介质中腐蚀时,Fe 上同时发生反应为

$$Fe \rightarrow Fe^{2+} + 2e^- \tag{3.4.1}$$

$$2H^+ + 2e^- \rightarrow H_2 \tag{3.4.2}$$

在无外加电流通过时,电极上无净电荷积累,即氧化反应速度 i_a 等于还原反应速度 i_c,并且等于自腐蚀电流 I_{corr}。与此对应的电位是自腐蚀电位 E_{corr}。

如果有外加电流通过时,如在阳极极化时,电极电位向正向移动,其结果加速了氧化反应速度 i_a,而拟制了还原反应速度 i_c。此时,金属上通过的阳极性电流应为

$$I_a = i_a - \mid i_c \mid = i_a + i_c \tag{3.4.3}$$

同理,阴极极化时,金属上通过的阴极性电流 I_c 也有类似关系,即

$$I_c = - \mid i_c \mid + i_a = i_c + i_a \tag{3.4.4}$$

由电化学反应速度理论可知,当局部阴极、阳极反应均受活化极化控制时,过电位(极化电位)η 与电密的关系为

$$i_a = i_{corr} \, \text{epx} \left(\frac{2.3\eta}{b_a} \right) \tag{3.4.5}$$

$$i_c = - i_{corr}\exp\left(\frac{-2.3\eta}{b_c}\right) \tag{3.4.6}$$

所以

$$I_a = i_{corr}\left[\exp\left(\frac{2.3\eta}{b_a}\right) - \exp\left(\frac{-2.3\eta}{b_c}\right)\right] \tag{3.4.7}$$

$$I_c = - i_{corr}\left[\exp\left(\frac{-2.3\eta}{b_c}\right) - \exp\left(\frac{2.3\eta}{b_a}\right)\right] \tag{3.4.8}$$

当金属的极化处于强极化区时,阳极性电流中的 i_c 和阴极性电流中的 i_c 都可忽略,于是得

$$I_a = i_{corr}\exp\left(\frac{2.3\eta}{b_a}\right) \tag{3.4.9}$$

$$I_c = - i_{corr}\exp\left(\frac{-2.3\eta}{b_c}\right) \tag{3.4.10}$$

或写为

$$\eta = - b_a \lg i_{corr} + b_a \lg i_a \tag{3.4.11}$$

$$\eta = - b_c \lg i_{corr} + b_c \lg i_c \tag{3.4.12}$$

可知,在强极化区内若将 η 对 $\lg i$ 作图,则可得到直线关系,该直线称为塔菲尔直线。将两条塔菲尔直线外延后相交,交点表明金属阳极溶解速度 i_a 与阴极反应(析出 H_2)速度 i_c 相等,金属腐蚀速度达到相对稳定,所对应的电密就是金属的腐蚀电密。

实验时,对腐蚀体系进行强极化(极化电位一般为 $100 \sim 250 \text{ mV}$),则可得到 $E\text{-}\lg i$ 的关系曲线,把塔菲尔直线外延至腐蚀电位。$\lg i$ 坐标上与交点对应的值为 $\lg i_c$,由此可算出腐蚀电密 i_{corr},并由塔菲尔直线分别求出 b_a 和 b_c。

影响测量结果的因素如下:

①体系中因浓差极化的干扰或其他外来的干扰。

②体系中存在一个以上的氧化还原过程(塔菲尔直线通常会变形),故在测量中为了能获得较为准确的结果,塔菲尔直线段必须延伸至少一个数量级以上的电流范围。

测量极化曲线时,按照自变量控制方式,可分为控制电位法和控制电流法。控制电位法是使用恒电位仪,控制研究电极的电位按照人们预想的规律变化,不受电极系统阻抗的影响,同时测量相应电流的方法。控制电位法也称恒电位法,目前大部分极化曲线的测量都采用恒电位法。控制电流法习惯上也称恒电流法,就是在恒电流电路或恒电流仪的保证下,控制通过研究电极的极化电流按照人们预想的规律变化,不受电解池阻抗变化的影响,同时测量相应电极电位的方法。相应测定极化曲线就是恒电流极化曲线。

控制电位法和控制电流法各有其特点和适用范围,要根据具体情况选用。对单调函数的极化曲线,即一个电流密度只对应一个电位,或者一个电位只对应一个电流密度的情况,控制电流法和控制电位法可得到同样的稳态极化曲线。控制电流法仪器简单,易于控制,故应用较早,也较普遍。

3.4.3　实验试剂及仪器

（1）实验试剂

实验试剂见表 3.4.1。

表 3.4.1　实验试剂

名称	化学式	纯度级别
乙酸（HAc）	CH_3COOH	AR
乙醇	C_2H_5OH	99.5%
氯化钠	NaCl	AR
超纯水	—	—

（2）实验仪器

本实验所用的主要实验仪器及耗材有 Q235 钢片（2 cm×1 cm）、Zn 片（2 cm×1 cm）、500 mL 烧杯、1 000 目水磨砂纸、一次性滴管（3 mL）、量筒、秒表、电子天平、称量纸、玻璃棒、数字万用电表、磁力搅拌器、电化学工作站（或恒电位仪）、计算机、饱和甘汞电极、铂电极及电解池（400 mL）。

3.4.4　实验内容及步骤

①配制含有 1 mol/L HAc 和 1 mol/L NaCl 的混合溶液。

②制备 Q235 钢研究电极，将研究电极用 1 000 目砂纸打磨光亮，用无水乙醇擦洗干净待用。

③将研究电极、参比电极、辅助电极及盐桥装入盛有电解质的极化池，盐桥毛细管尖端距研究电极表面距离可控制为毛细管尖端直径的 2 倍。

④按恒电位/恒电流仪使用方法连接好实验线路。

⑤测量时，首先测量阴极极化曲线，然后测量阳极极化曲线。

⑥开动磁力搅拌器，旋转速度为中速，进行极化测量。

⑦先记下 $i=0$ 时的电极电位值，这是曲线上的第一个点，先进行阴极极化。分别以相隔 10 s 的间隔调节极化电流为 −0.5，−1，−2，−3，−4，−5，−10，−20，−30，−40，−50，−60 mA，并记录对应的电极电位值，迅速将极化电流调为零，待电位稳定后进行阳极极化。此时，应分别调节极化电流为 0.5，1，2，3，4，5，10，20，30，40 mA，并记录对应的电极电位值。应注意，极化电流改变时，调节时间应快，一般在 5 s 之内完成。实验结束后，将仪器复原。

3.4.5　实验数据分析与处理

①将实验数据绘在半对数坐标纸上。

②根据阴极极化曲线的塔菲尔线性段外延求出 Q235 钢的腐蚀电流,并求出腐蚀速率。

③分别求出腐蚀电密 i_c、阴极塔菲尔斜率 b_c 和阳极塔菲尔斜率 b_a。

3.4.6 思考与讨论

①从理论上讲,阴极和阳极的塔菲尔线延伸至腐蚀电位应交于一点,其实际测量的结果如何? 为什么?

②如果两条曲线的延伸线不交于一点,应如何确定腐蚀电流密度?

实验 3.5 临界孔蚀电位的测定

3.5.1 实验目的

①初步掌握有钝化性能的金属在腐蚀体系中的临界孔蚀电位的测定方法。

②通过绘制有钝化性能的金属的阳极极化曲线,了解击穿电位和保护电位的意义,并应用其定性地评价金属耐孔蚀性能的原理。

③进一步了解恒电位技术在腐蚀研究中的重要作用。

3.5.2 实验原理

不锈钢、铝等金属在某些腐蚀介质中,因形成钝化膜而使其腐蚀速率大大降低,故变成耐蚀金属。但是,钝态是在一定的电化学条件下形成(如某些氧化性介质中)或破坏的(如在氯化物的溶液中)。在一定的电位条件下,钝态受到破坏,孔蚀就产生了。因此,当把有钝化性能的金属进行阳极极化,使之达到某一电位时,电流突然上升,伴随着钝性被破坏,产生腐蚀孔。在此电位之前,金属保持钝态,或者虽然产生腐蚀点,但又能很快地再钝化,这一电位称为临界孔蚀电位 φ_b。φ_b 常用于评价金属材料的孔蚀倾向性。临界孔蚀电位越正,金属耐孔蚀性能越好。如图 3.5.1 所示为不锈钢在氯化物溶液中的典型阳极极化曲线。

一般而言,φ_b 依溶液的组分、温度、金属的成分和表面状态以及电位扫描速度而变化。在溶液组分、温度、金属的表面状态和扫描速度相同的条件下,φ_b 代表不同金属的耐孔蚀趋势。

本实验采用恒电位手动调节,当阳极极化到 φ_b 时,随着电位的继续增加,电流急剧增大,一般在电流密度增加到 $200 \sim 2\ 500\ \mu A/cm^2$ 时,即进行反方向极化(即往阴极极化方向回扫),电流密度相应下降,回扫曲线并不与正向曲线重合,直到回扫地电流密度又回到钝态电流密度值。此时,所对应的电位 φ_p 为保护电位。这样,整个极化曲线形成一个"滞后环"把 φ-i 图分为 3 个区,即 A 为必然孔蚀区,B 为可能孔蚀区,C 为无孔蚀区,如图 3.5.2 所示。可知,回扫曲线形成的滞后环可获得更具体判断孔蚀倾向的参数。

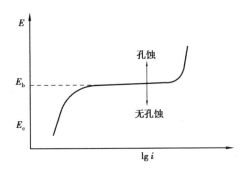

图 3.5.1 恒电位临界孔蚀电位曲线

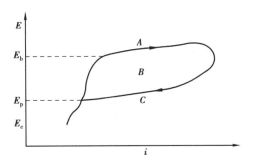

图 3.5.2 不锈钢在氯化物溶液中的
阳极极化扫描曲线

3.5.3 实验试剂及仪器

(1)实验试剂

实验试剂见表 3.5.1。

表 3.5.1 实验试剂表

名称	化学式	纯度级别
乙醇	C_2H_5OH	99.5%
氯化钠	NaCl	AR
超纯水	—	—

(2)实验仪器

本实验所用的主要实验仪器及耗材有经钝化处理的 45 号碳钢片(2 cm × 1 cm)、500 mL 烧杯、1 000 目水磨砂纸、一次性滴管(3 mL)、分析天平、称量纸、玻璃棒、数字万用电表、电化学工作站(或恒电位仪)、计算机、饱和甘汞电极、铂电极及电解池(400 mL)。

3.5.4 实验内容及步骤

①待测试件准备。把不锈钢试件放入 60 ℃,30% 的硝酸水溶液中钝化 1 h,取出冲洗、干燥。对欲暴露的面积要用砂纸打磨光亮,测量尺寸。分别用丙酮和无水乙醇擦洗,以清除表面的油脂,待用。

②按图 3.5.3 连接好线路,测定自腐蚀电位值,直到取得稳定值为止,并记录电位值。

③调节恒电位仪的给定电位,使之等于自腐蚀电位。由 φ_c 开始对研究电极进行阳极极化,由小到大逐渐加大电位值。起初每次增加的电位幅度小些(如 10 ~ 30 mV),并密切注意电流表的指示值。在电位调节好后 1 ~ 2 min,读取电流值。在孔蚀电位以前,电流值增加很少,一旦到达孔蚀电位,电流值便迅速增加。当电位接近孔蚀电位时,要仔细调节,并测准孔蚀电位。过孔蚀电位后,电位调节幅度可适当加大(如每次调 50 ~ 60 mV)。当电流密度增加到 500 μA/cm² 左右时,即可进行反方向极化。回扫速度可由每分钟 30 mV 减小到 10 mV 左右,直到回归的电流密度又回到钝态,即可结束实验。

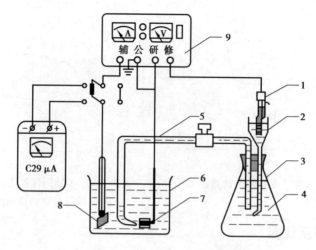

图 3.5.3　测定孔蚀电位的装置

1—饱和甘汞电极;2—盐桥;3—三角烧瓶;4—3%氯化钠溶液,5—盐桥;
6—电解池;7—待测电极;8—铂电极;9—恒电位仪

3.5.5　实验数据分析与处理

①将实验基本信息记录在表 3.5.2 中。

表 3.5.2　实验基本信息记录表

试件材质		试件暴露面积	
介质成分		试片厚度	
参比电极		参比电极电位	
辅助电极		试件自腐蚀电位	

②将实验测试数据及实验现象记录在表 3.5.3 中。

表 3.5.3　实验测试数据及实验现象记录表

时间 t	电极电位 φ	电流强度 I	实现现象

③绘出 φ-lg i 曲线,并由图上求出 φ_b 和 φ_p 值。

3.5.6　思考与讨论

①根据测定临界孔蚀电位曲线的特点,讨论恒电位技术在孔蚀电位测定中的重要作用。

②产生缝隙腐蚀的原因是什么?封装试件中如何防止缝隙腐蚀的产生?

第 4 部分　过程装备控制技术及应用

实验 4.0　预备知识：“化工仪表与控制实训装置”及主要部件原理

4.0.1　“化工仪表与控制实训装置”实验系统简介

“化工仪表与控制实训装置”是基于工业过程的物理模拟对象，集自动化仪表技术、计算机技术、通信技术及自动控制技术为一体的多功能实验装置。该系统包括流量、温度、液位及压力 4 种热工参数，可实现系统参数辨识、单回路控制、串级控制及比值控制等控制形式。本装置还可实现力控（组态软件）实时数据库组态实验，力控图形动画、报表、曲线、报警组态实验，力控设备通信组态实验，力控脚本程序应用实验，以及基于力控实时数据库。借助力控脚本程序，师生可自主设计、开发具有个人创造性的控制系统；基于数据采集与控制模块所提供的输入输出实时数据，学生可直接采用 Visual Basic 或 Visual C ++ 自由构造控制系统，也可使用 MATLAB/SIMULINK 软件模拟仿真实验，使学生体验计算机控制系统的组成与实现方式，并在实际应用中提升其编程与调试能力。

学生通过本实训装置进行综合实训后，可掌握以下内容：

①传感器特性的认识。

②自动化仪表的初步使用。

③变频器的基本原理和初步使用。

④电动调节阀的调节特性和原理。

⑤测定被控对象特性的方法。

⑥单回路控制系统的参数整定。

⑦串级控制系统的参数整定。

⑧PLC，MATLAB，Visual Basic 或 Visual C ++ 编程技能培养。

⑨现场总线过程控制系统组建，设计能力的培养。

本实验装置可完成以下内容：

①单容及双容液位对象特征参数测定实验。

②恒压力单回路控制实验。

③恒流量单回路控制实验。

④恒液位单回路控制实验。

⑤恒液位串级控制实验。

⑥液位高度的位式控制。

⑦热水温度的位式控制。

4.0.2 实验装置基本配置

实验装置基本配置见表4.0.1。

表4.0.1 实验装置基本配置

符号	设备名称	规格与型号	数量
P_1	不锈钢卧式离心泵	WB70/055	1
P_2	不锈钢卧式离心泵	WB50/025	1
V_1	有机玻璃水箱	200 mm × 300 mm × 300 mm	1
V_2	有机玻璃水箱	200 mm × 300 mm × 300 mm	1
V_3	不锈钢冷水箱	500 mm × 300 mm × 600 mm	1
V_4	不锈钢热水箱	500 mm × 300 mm × 600 mm	1
E_1	釜式换热器	订制	1
LI01	上水箱液位传感器	SM93420DP(0~1 000 mmH$_2$O)	1
LI02	下水箱液位传感器	SM93420DP(0~1 000 mmH$_2$O)	1
PI01	泵出口压力传感器	SM93420DP(0~0.2 MPa)	1
F_1	电动调节阀	QSTP-16	1
F_2	电磁阀	常闭	1
F_3—F_{21}	手动阀	球阀	1
SIC01	卧式泵变频调速器	E310	1
SIC02	卧式泵变频调速器	E310	1
FI01	涡轮流量传感器	LWGY-15	1
FI02	涡轮流量传感器	LWGY-15	1
TI101	电阻温度计	Pt100 和 Cu50	1
TI102	电阻温度计	Pt100	1
TI103	电阻温度计	K 型	1
BI-01	温度变送器	AI-702BJ0J0X3X5	1
BI-02	温度变送器	AI-501BX3	1

符号	设备名称	规　格	数量
BI-03	PID 控制器	AI-519BV24X3S1	1
BI-04	PID 串级控制器	AI-719BV24X3S1	1
PLC	可编程控制器	S7-200 SMART	1
	仪表控制柜	静电喷涂	1
	电器	正泰	1
	计算机	联想计算机	1

实验装置流程如图 4.0.1 所示。

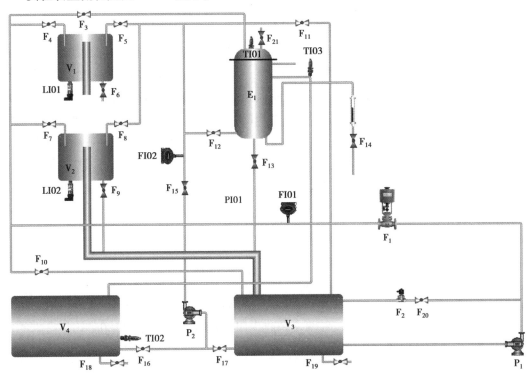

图 4.0.1　实验装置流程示意图

4.0.3　压力变送器及热电阻的认识

(1) 扩散硅压力变送器的工作原理

扩散硅式压力变送器的传感器部分是压阻式压力传感器。它基于半导体的压阻效应,将单晶硅膜片和电阻条采用集成电路工艺结合在一起,构成硅压阻芯片,然后将芯片封接在传感器的外壳内,连接出电极引线而制成,如图 4.0.2 所示。

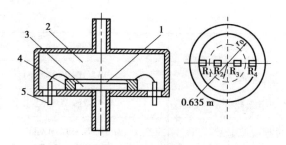

图 4.0.2 压阻式压力传感器结构示意图
1—硅平膜片;2—低压腔;3—高压腔;4—硅杯;5—引线

硅平膜片在微小变形时有良好的弹性特性,当硅片受压后,膜片的变形使扩散电阻的阻值发生变化。其相对电阻变化可表示为

$$\frac{\Delta R}{R} = \pi e \sigma \qquad (4.0.1)$$

式中 πe——压阻系数;

σ——应力。

硅平膜片上的扩散电阻通常构成桥式测量电路,相对的桥臂电阻是对称布置的,电阻变化时,电桥输出电压与膜片所受压力成对应关系。如图 4.0.2 所示为一种压阻式压力传感器的结构示意图。硅平膜片在圆形硅杯的底部,硅杯的内外两侧输入被测压力及参考压力。本套装置的传感器参考压力为当地大气压力。压力差使膜片变形,膜片上的两对电阻阻值发生变化,使电桥输出相应压力变化的信号。为了补偿温度效应的影响,一般还可在膜片上沿对压力不敏感的晶向生成一个电阻,这个电阻只感受温度变化,可接入桥路作为温度补偿电阻,以提高测量精度。

压阻式压力传感器的灵敏度高,频率响应高;结构较简单,可小型化;可用于静态、动态压力测量;应用广泛,测量范围在 0~0.000 5 MPa,0~0.002 MPa 至 0~210 MPa;其精度为 $\pm 0.2\% \sim \pm 0.02\%$。

(2)热电阻

铂热电阻使用范围为 $-200 \sim 850$ ℃,零摄氏度时的阻值 R_0 分为 10 Ω 和 100 Ω 两种,分度号分别为 Pt10 和 Pt100。本套装置两支铂热电阻采用分度号均是 Pt100。铂热电阻的精度高,体积小,测温范围宽,稳定性好,再现性好。

其电阻与温度的关系如下:

当 $t \geqslant 0$ ℃时

$$R(t) = R_0(1 + At + Bt^2) \qquad (4.0.2)$$

当 $t < 0$ ℃时

$$R(t) = R_0[1 + At + Bt^2 + Ct^3(t - 100)] \qquad (4.0.3)$$

式中

$A = 3.908\ 3 \times 10^{-3}\text{℃}^{-1}, B = -5.775 \times 10^{-7}\text{℃}^{-2}, C = -4.183 \times 10^{-12}\text{℃}^{-4}$

表 4.0.2 给出 Pt100 热电阻的分度表。

表4.0.2　Pt100热电阻的分度表

$R_T/℃$	0	20	40	60	80	100
Pt100	100.00	107.79	115.54	123.24	130.90	138.51

4.0.4　涡轮流量计的认识

涡轮流量计是利用安装在管道中可自由转动的叶轮感受物体的速度变化,从而测定管道内的流体流量。

(1)涡轮流量计的构成和流量方程式

涡轮流量计壳体的结构如图4.0.3所示。流量计主要由壳体、导流器、支承、涡轮及磁电转换器组成。涡轮是测量元件,它由磁导系数较高的不锈钢材料制成,轴芯上装有数片呈螺旋形或直形的叶片,流体作用于叶片,使涡轮转动。壳体和前后导流件由非导磁的不锈钢材料制成,导流件对流体起导直作用。在导流件上装有滚动轴承或滑动轴承,用来支承转动的涡轮。将涡轮转速转换为电信号的方法以磁电式转换法应用最广泛。磁电感应信号检出器包括磁电转换器和前置放大器。磁电转换器由线圈和磁钢组成,用于产生与叶片转速成比例的电信号;前置放大器放大微弱电信号,使之便于远传。

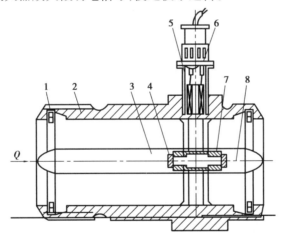

图4.0.3　涡轮流量计结构示意图

1—紧固环;2—壳体;3—前导流件;4—止推片;
5—叶轮;6—磁电转换器;7—轴承;8—后导流件

流体通过涡轮流量计时推动涡轮转动,涡轮叶片周期性地扫过磁钢,使磁路磁阻发生周期性的变化。线圈感应产生的交流电信号频率与涡轮转速成正比,即与流速成正比。涡轮流量计的流量方程式可表示为

$$q_v = \frac{f}{\xi} \tag{4.0.4}$$

式中　q_v——体积流量;

f——信号脉冲频率；

ξ——仪表常数。

仪表常数 ξ 与流量计的涡轮结构等因素有关。在流量较小时，ξ 值随流量增加而增大，只有流量达到一定值后近似为常数。在流量计的使用范围内，ξ 值应保持为常数，使流量与转速接近线性关系。

涡轮流量计的显示仪表是一个脉冲频率测量和计数的仪表。它根据单位时间的脉冲数和一段时间的脉冲计数，分别显示瞬时流量和累积流量。

（2）涡轮流量计的特点和作用

涡轮流量计可测量气体、液体流量，但要求被测介质洁净，并且不使用于黏度大的液体测量。它的测量精度较高，一般为 0.5 级，在小范围内误差可 $\leq \pm 0.1\%$；由于仪表刻度为线性，范围宽可达 $(10 \sim 20):1$；输出频率信号便于远传及与计算机相连；仪表有较宽的工作温度范围（$-200 \sim 400\ ℃$），可耐较高工作压力（$<100\ \mathrm{MPa}$）。

涡轮流量计一般应水平安装，并保证其前后有一定的直管段。为保证被测介质洁净，表前应装过滤装置。如果被测液体易气化或含有气体时，要在仪表前装消气器。

涡轮流量计的缺点是制造困难，成本高。由于涡轮高速转动，轴承易磨损，降低了长期运行的稳定性，影响使用寿命。因此，通常涡轮流量计主要用于测量精度要求高、流量变化快的场合，还用作标定其他流量的标准仪表。

4.0.5　智能调节仪的认识

（1）智能调节仪的功能及作用

智能调节仪不仅可显示在本套装置中所采集的所有传感器和变送器的输出信号，还可进行设定值控制、变送输出、输出 $4 \sim 20\ \mathrm{mA}$ 线性电流信号控制执行器动作、与上位机建立 RS485 通信关系等。它可作为现场独立控制器，也可与上位机组成监控网络，是工业现场最常见且可靠的控制器之一。

（2）智能调节仪的参数和使用

其参数和使用详见智能调节仪的使用说明书。本套装置的 AI 系列智能调节仪与使用说明书上介绍的 AI-519，AI-501 仪表相同（仪表在上电时会显示本块仪表的型号）。

（3）智能调节仪的常用功能

1）数据的采集

在数据采集前，需要了解本套装置传感器、变送器的输出信号的规格：

液位检测：压力变送器 DC 1 ~ 5 V，DC 0.2 ~ 1 V。

流量检测：涡轮流量计 DC 1 ~ 5 V。

压力检测：管道静压变送器 DC 1 ~ 5 V。

温度检测：温度传感器 Pt100 热电阻。

综上所述，所有传感器及变送器的输出信号分为 3 种：1 ~ 5 VDC，DC0.2 ~ 1 V，Pt100 热电阻。

当采集液位、信号时,仪表需要设置参数为:输入规格 Sn = 33,输入下限显示值 DIL = 0 mm,输入上限显示值 DIH = 1 000 mm。设置范围为 0 ~ 1 000 mm,是与装置上传感器的量程一一对应的。其他电压输出的变送器输入规格同样为 Sn = 33,只是量程要根据传感器的量程来设置。

当采集涡轮流量计或电磁流量计信号时,仪表基本设置为:Sn = 33,DIL = 0,DIH = 6.00 m³/h;当采集管道压力信号时,仪表基本设置为:Sn = 33,DIL = 0,DIH = 200 kPa。

当采集 Pt100 热电阻的温度信号时,仪表需要设置参数为:输入规格 Sn = 21,输入下限显示值 DIL 和输入上限显示值 DIH 均不用设置,仪表会对采集到阻值激励出来的电压信号进行自动运算,得出结果送至测量区进行显示输出,但前提就是 Sn = 21,以便使仪表转入 Pt100 热电阻温度算法程序。

采集热电阻温度信号时,要将热电阻输出信号的 a,b,c 3 端对应接到仪表的 18,19,20 输入端即可。

2)仪表的给定值设定

当仪表用于 PTD 算法控制时,需要设定控制变量的设定值。也就是需要控制仪表所采集传感器、变送器的数据变量,使之到达设定值。具体设置可参考仪表使用说明书。

3)仪表的输出

本 AI 系列智能调节仪有 4 ~ 20 mA 线性电流信号,可控制执行器动作,以调节被控参量的变化,使之到达给定值。输出有自动和手动两种状态。当用于算法控制时,需设置输出到自动状态才能启动 PID 算法。需要手动控制执行器时,可先将仪表的输出状态切换到手动输出状态,具体设置详见仪表使用说明书。

实验 4.1　单容水箱特性的测试实验

被控对象数学模型的建立通常用以下两种方法:一是分析法,即根据过程的机理、物料或能量平衡关系求得它的数学模型;二是用实验的方法确定。本章主要介绍被控对象对典型输入信号的响应来确定它的数学模型。由于此法较简单,因此在过程控制中得到了广泛的应用。

4.1.1　实验目的

①掌握单容水箱的阶跃响应的测试方法,并记录相应液位的响应曲线。

②根据实验得到的液位阶跃响应曲线,用相关的方法确定被测对象的特征参数 T 和传递函数。

③利用 MATLAB/SIMULINK 软件,编写程序对实验进行模拟。

4.1.2　实验设备

①化工仪表与控制实训装置。

②计算机及相关软件。

4.1.3 实验原理

由图 4.1.1 可知,对象的被控制量为水箱的液位 h,控制量(输入量)是流入水箱中的流量 Q_1,手动阀 F_7 和 F_9 的开度都为定值,Q_2 为水箱中流出的流量。根据物料平衡关系,在平衡状态时

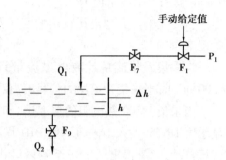

$$Q_{10} - Q_{20} = 0 \qquad (4.1.1)$$

动态时,则有

$$Q_1 - Q_2 = \frac{\mathrm{d}V}{\mathrm{d}t} \qquad (4.1.2)$$

图 4.1.1 单容水箱特性测试结构图

式中 V——水箱的储水容积;

  $\dfrac{\mathrm{d}V}{\mathrm{d}t}$——水储存量的变化率,它与 h 的关系为

$$\mathrm{d}V = A\mathrm{d}h$$

即

$$\frac{\mathrm{d}V}{\mathrm{d}t} = A\,\frac{\mathrm{d}h}{\mathrm{d}t} \qquad (4.1.3)$$

式中 A——水箱的底面积。

将式(4.1.3)代入式(4.1.2),得

$$Q_1 - Q_2 = A\,\frac{\mathrm{d}h}{\mathrm{d}t} \qquad (4.1.4)$$

基于 $Q_2 = \dfrac{h}{R_\mathrm{S}}$,$R_\mathrm{S}$ 为阀 F_9 的液阻,则式(4.1.4)可改写为

$$Q_1 - \frac{h}{R_\mathrm{S}} = A\,\frac{\mathrm{d}h}{\mathrm{d}t}$$

即

$$AR_\mathrm{S}\,\frac{\mathrm{d}h}{\mathrm{d}t} + h = KQ_1$$

或写为

$$\frac{h(S)}{Q_1(S)} = \frac{K}{TS+1} \qquad (4.1.5)$$

式中,$T = AR_\mathrm{S}$,它与水箱的底积 A 和 V_2 的 R_S 有关;$K = R_\mathrm{S}$。

式(4.1.5)就是单容水箱的传递函数。

若令 $Q_1(S) = \dfrac{R_0}{S}$,$R_0 =$ 常数,则式(4.1.5)可改为

$$h(S) = \frac{\dfrac{K}{T}}{S + \dfrac{1}{T}} \times \frac{R_0}{S} = K\,\frac{R_0}{S} - \frac{KR_0}{S + \dfrac{1}{T}}$$

对上式取拉氏反变换,得

$$h(t) = KR_0(1 - e^{-\frac{t}{T}}) \tag{4.1.6}$$

当 $t \to \infty$ 时，$h(\infty) = KR_0$，因而有

$$K = \frac{h(\infty)}{R_0} = \frac{\text{输出稳态值}}{\text{阶跃输入}}$$

当 $t = T$ 时，则有

$$h(T) = KR_0(1 - e^{-1}) = 0.632KR_0 = 0.632h(\infty)$$

式（4.1.6）表示一阶惯性环节的响应曲线是一单调上升的指数函数，如图 4.1.2 所示。

当由实验求得如图 4.1.2 所示的阶跃响应曲线后，该曲线上升到稳态值的 63% 所对应的时间，就是水箱的时间常数 T。该时间常数 T 也可通过坐标原点对响应曲线作切线，切线与稳态值交点所对应的时间就是时间常数 T。由响应曲线求得 K 和 T 后，就能求得单容水箱的传递函数。如果对象的阶跃响应曲线如图 4.1.3 所示，则在此曲线的拐点 D 处作一切线，它与时间轴交于 B 点，与响应稳态值的渐近线交于 A 点。其中，OB 即为对象的滞后时间 τ，BC 为对象的时间常数 T，所得的传递函数为

$$h(S) = \frac{Ke^{-\tau S}}{1 + TS}$$

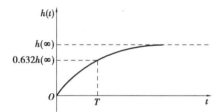

图 4.1.2　单容水箱的单调上升指数曲线

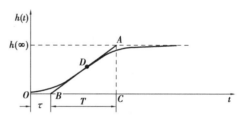

图 4.1.3　单容水箱的阶跃响应曲线

4.1.4　实验内容与步骤

①按图 4.1.1 选择实验线路，并把阀 F_7 和 F_9 开至某一开度（建议全开），其他阀门关闭。

②接通总电源，并启动离心泵 P_1。

③启动计算机记下水箱液位的历史曲线和阶跃响应曲线。

④具体操作方式：

a. 把调节阀设置于全开位置，通过 P_1 频率增/减的操作改变其输出量的大小，使水箱的液位处于某一平衡位置。

b. 把频率设置于一定值，通过开度增/减的操作改变其输出量的大小，使水箱的液位处于某一平衡位置（a 或 b 选择一种方式操作）。

⑤手动操作调节器（电动阀开度或离心泵频率），使其输出有一个正（或负）阶跃增量的变化（此增量不宜过大，以免水箱中水溢出）。于是，水箱的液位便离开原平衡状态，经过一定的调节时间后，水箱的液位进入新的平衡状态。

⑥关闭离心泵,结束实验。

⑦根据实验所得图像和数据,写出传递函数。

4.1.5　MATLAB/SIMULINK 仿真实验内容与步骤

(1)在 MATLAB 的函数指令方式下的仿真

①MATLAB 函数命令 tf( ) 来建立控制系统的传递函数模型。

函数命令的调用格式:

sys = tf(num, den)

函数返回的变量为连续系统的传递函数模型,函数输入参量 num 与 den 分别为系统的分子与分母多项式系数向量。

②MATLAB 函数命令 zpk( ) 来建立控制系统的零极点增益模型。

函数命令的调用格式

sys = zpk(z, p, k)

其中,z,p,k 分别代表系统零点、极点、增益向量,函数返回连续系统零极点模型。

③控制系统工具箱中关于时域响应求取的函数命令如下:

阶跃响应:

step(sys)　　step (num, den)

脉冲响应:

impulse(sys)　　impulse (num, den)

(2)在 SIMULINK 环境下的仿真

①新建 SIMULINK 文件。

②从 SIMULINK 菜单下的 Continuous 部分拉出 Transfer Function 和 Time Delay 模块。

③打开 Transfer function 模块,将实验所得数据 K 输入在 Numerator coefficient 中,在 Denominator coefficients 中输入 T 和 1。

④打开 Time delay 模块,将实验所得数据 τ 输入 Time delay 中。

⑤从 SIMULINK 菜单下的 Sources 部分拉出 Step 模块和 Clock 模块。

⑥从 SIMULINK 菜单下的 Sinks 部分拉出两个 To Workspace 模块,分别将 variable name 命名为 t 和 y, save format 选择 Array。

⑦将上述模块用线连起来,如图 4.1.4 所示。

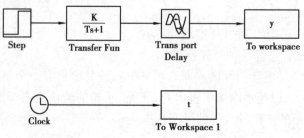

图 4.1.4　SIMULINK 模拟文件界面图

⑧选择"Simulation"下的"Configuration Parameters"菜单,完成计算时间、计算方法等的设置。可变步长类型的算法为"Variable-step",固定步长类型的算法为"Fixed-step",Solver可选择"ode45"。

⑨点击运行,运行结束后,在 MATLAB 的命令行窗口输入命令 plot(t,y),得到该系统的输出响应曲线。

实验 4.2 双容水箱特性的测试实验

4.2.1 实验目的

①熟悉双容水箱的数学模型及其阶跃响应曲线。
②根据由实际测得双容液位的阶跃响应曲线,确定其传递函数。

4.2.2 实验设备

①化工仪表与控制实训装置。
②计算机及相关软件。

4.2.3 实验原理

如图 4.2.1 所示,被控对象由两个水箱串联连接。因有两个储水的容积,故称双容水箱对象。被控制量是下水箱的液位,当输入量有一阶跃增量变化时,双容液位阶跃响应曲线如图 4.2.2 所示。由图 4.2.2 可知,上水箱液位的响应曲线为一单调的指数函数(见图 4.2.2(a)),而下水箱液位的响应曲线则呈 S 状(见图 4.2.2(b))。显然,多了一个水箱,液位响应就更加滞后。

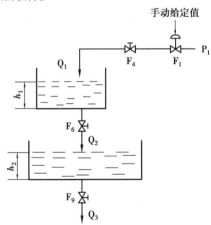

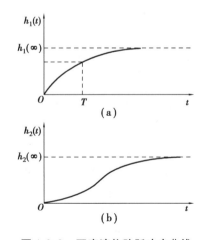

图 4.2.1 双容水箱对象特性结构图   图 4.2.2 双容液位阶跃响应曲线

由 S 形曲线的拐点 P 处作一切线,它与时间轴的交点为 A,OA 则表示了对象响应的滞后时间 τ。至于双容对象两个惯性环节的时间常数可按下述方法来确定。

在如图4.2.3所示的阶跃响应曲线上求取：

①$h_2(t)|_{t=t_1} = 0.4 \, h_2(\infty)$ 时，曲线上的点 B 和对应的时间 t_1。

②$h_2(t)|_{t=t_2} = 0.8 \, h_2(\infty)$ 时，曲线上的点 C 和对应的时间 t_2。

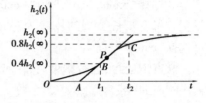

图4.2.3　双容液位阶跃响应曲线

然后，利用近似公式计算式

$$K = \frac{h_2(\infty)}{R_0} = \frac{输入稳态值}{阶跃输入量} \tag{4.2.1}$$

$$T_1 + T_2 \approx \frac{t_1 + t_2 - 2\tau}{2.16} \tag{4.2.2}$$

$$\frac{T_1 T_2}{(T_1 + T_2)^2} \approx \left(1.74 \frac{t_1 - \tau}{t_2 - \tau} - 0.55\right) \tag{4.2.3}$$

$$0.32 < t_1/t_2 < 0.46$$

由上述式(4.2.1)—式(4.2.3)解出 T_1 和 T_2。于是，求得双容（二阶）对象的传递函数为

$$G(S) = \frac{K}{(T_1 S + 1)(T_2 S + 1)} e^{-\tau s} \tag{4.2.4}$$

4.2.4　实验内容与步骤

①按图4.2.1选择实验线路，并把阀 F_4, F_6 和 F_9 开至某一开度（建议全开），其他阀门关闭。

②接通总电源，并启动离心泵 P_1。

③启动计算机记下水箱液位的历史曲线和阶跃响应曲线。

④具体操作方式：

a. 把调节阀设置于全开位置，通过 P_1 频率增/减的操作改变其输出量的大小，使水箱的液位处于某一平衡位置。

b. 把频率设置于一定值，通过开度增/减的操作改变其输出量的大小，使水箱的液位处于某一平衡位置（a 或 b 选择一种方式操作）。

⑤手动操作调节器（电动阀开度或离心泵频率），使其输出有一个正（或负）阶跃增量的变化（此增量不宜过大，以免水箱中水溢出）。于是，水箱的液位便离开原平衡状态，经过一定的调节时间后，水箱的液位进入新的平衡状态。

⑥关闭离心泵，结束实验。

⑦根据实验所得图像和数据，写出传递函数。

⑧参考4.1.5部分 MATLAB/SIMULINK 仿真实验内容与步骤，自行用 MATLAB/SIMU-LINK 对本实验进行仿真模拟。

实验 4.3　热水箱内温度特性的测试实验

4.3.1　实验目的

①了解热水箱内温度特性测试系统的组成。
②掌握热水箱内温度特性的测试方法。

4.3.2　实验设备

①化工仪表与控制实训装置。
②计算机及相关软件。

4.3.3　实验原理

如图 4.3.1 所示为热水箱温度特性实验结构示意图。

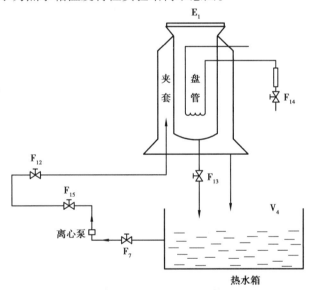

图 4.3.1　热水箱温度特性实验结构示意图

(1) 盘管不加冷却水

向 E_1 内加入一定量水,手动操作调压器的输出,热水箱内的水温逐渐上升。根据热平衡的原理,当热水箱中的水温上升到某一值时,水的吸热和放热作用完全相等,从而使热水箱中的水温达到一平衡状态。

由热力学原理可知,热水箱内胆水温的动态变化过程可用一阶常微分方程来描述,即其数学模型为一阶惯性环节。

(2)盘管加冷却水

当盘管注满冷却水,相当于改变了环境的温度,使其散热作用增强。显然,在这种状况下,如果用盘管无水时一样大小的可控电压去加热,在平衡状态时,热水箱的水温必然要低于前者。如果要使热水箱的水温达到盘管无水时相同的值,则需要提高可控硅的整流电压。

4.3.4 实验内容与步骤

①按图4.3.1选择实验线路,打开 F_7, F_{15}, F_{12} 使热水进入夹套。

②接通总电源,启动 P_1,向 E_1 内加入一定量水后关闭 P_1。

③开启 P_2,使热水经夹套返回热水箱。启动调压器加热系统,手动操作调压器的输出,使温度上升至一个固定值。

④启动计算机,实时记录 E_1 内水温的响应过程。

⑤打开冷却水阀门,调节流量至需要值。

⑥关闭离心泵,结束实验。

实验4.4　电动调节阀流量特性的测试实验

4.4.1 实验目的

①了解电动调节阀的结构与工作原理。

②通过实验,进一步了解电动调节阀流量的特性。

4.4.2 实验设备

①化工仪表与控制实训装置。

②计算机及相关软件。

4.4.3 实验原理

电动调节阀包括执行机构和阀两个部分。它是过程控制系统中的一个重要环节。电动调节阀接收调节器输出 $4 \sim 20$ mA DC 的信号,并将其转换为相应输出轴的角位移,以改变调节阀截流面积 S 的大小。如图4.4.1所示为电动调节阀与管道的连接图。

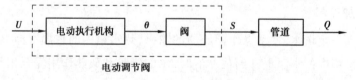

图4.4.1　电动调节阀与管道的连接图

U—来自调节器的控制信号($4 \sim 20$ mA DC);θ—阀的相对开度;

S—阀的截流面积;Q—液体的流量

由过程控制仪表的原理可知,阀的开度 θ 与控制信号的静态关系是线性的,而开度 θ 与流量 Q 的关系是非线性的。如图 4.4.2 所示为本实验结构示意图。

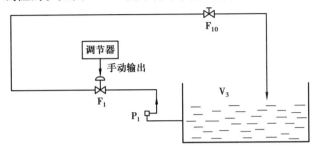

图 4.4.2　电动调节阀特性实验结构示意图

4.4.4　实验步骤

①按图 4.4.2 选择实验线路,打开 F_{10} 使水循环。

②接通总电源和相关仪表的电源,启动 P_1。

③把调节器置于手动状态,使其输出相应于电动阀开度的 10%,20%,…,100%,并分别记录不同状态时电动阀开度和相应的流量。

④以开度百分比为横坐标,相对流量 Q 为纵坐标,画出阀的特性曲线。

4.4.5　实验数据

阀的流量特性见表 4.4.1。

表 4.4.1　阀的流量特性

流量/$(m^3 \cdot h^{-1})$	流量/%	开度/%
0.00	0.00	0
0.37	16.89	5
0.45	20.55	10
0.53	24.20	15
0.63	28.77	20
0.74	33.79	25
0.86	39.27	30
1.00	45.66	35
1.16	52.97	40
1.28	58.45	45
1.42	64.84	50
1.54	70.32	55
1.64	74.89	60
1.76	80.37	65

续表

流量/($m^3 \cdot h^{-1}$)	流量/%	开度/%
1.89	86.30	70
2.01	91.78	75
2.09	95.43	80
2.14	97.72	85
2.17	99.09	90
2.18	99.54	95
2.19	100.00	100

注:阀最大流量为 2.19 m^3/h。

实验 4.5　单回路控制实验

4.5.1　单回路控制系统的概述

如图 4.5.1 所示为单回路控制系统方框图的一般形式。它由被控对象、执行器、调节器及测量变送器组成。系统的给定量是一定值,要求系统的被控制量等于给定量所要求的值。由于这种系统结构简单,性能较好,调试方便等优点,因此在工业生产中被广泛应用。

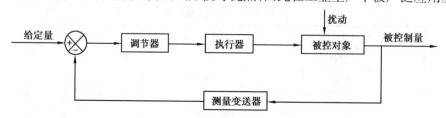

图 4.5.1　单回路控制系统方框图

在系统设计前,不仅需要对被控对象有深入的认识,而且还应对整个生产的工艺、设备有深入的了解。只有这样,才能设计出一个性能优良、经济实用的控制系统。

4.5.2　干扰对系统性能的影响

(1)干扰通道的放大系数、时间常数及纯滞后的影响

干扰通道的放大系数 K_f 会影响干扰加在系统中的幅值。若系统是有差系统,则干扰通道的放大系数越大,系统的静差也越大。一般要求干扰通道的放大系数越小越好。

如果干扰通道是一惯性环节,设时间常数为 T_f,则阶跃扰动通过惯性环节后,其过渡过程的动态分量被滤波而幅值变小,即时间常数 T_f 越大,则系统的动态偏差越小。

通常干扰通道中还会有纯滞后环节,使被调参数的响应时间滞后一个 τ 值,即

$$Y_\tau(t) = Y(t - \tau) \qquad (4.5.1)$$

式(4.5.1)表明,调节过程沿时间轴平移了一个 τ 的距离,因此,干扰通道出现有纯滞后,不会影响系统调节质量。

(2)干扰进入系统中的不同位置

复杂的生产过程往往有多个干扰量,如图4.5.2所示。

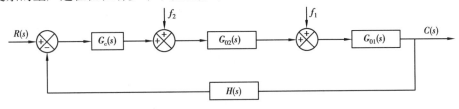

图4.5.2 扰动作用于不同位置的控制系统

控制理论证明,同一形式大小相同的扰动出现于系统中不同的位置所产生的静差是不一样的。对扰动产生影响的仅是扰动作用点前的那些环节。

4.5.3 控制规律的确定

选择系统调节规律的目的是使调节器与调节对象能很好地匹配,使组成的控制系统能满足工艺上所提出的动态、静态性能指标的要求。

(1)比例(P)调节器

纯比例调节器是一种最简单的调节器。它对控制作用和扰动作用的响应都很快速。由于比例调节只有一个参数,因此整定很方便。这种调节器的主要缺点是使系统有静差存在。

(2)比例积分(PI)调节器

PI 调节器的积分部分能使系统的类型数提高,有利于消除静差,但它又使 PI 调节器的相位滞后量减小,系统的稳定性变差。其传递函数为

$$G_C(S) = K_P\left(1 + \frac{1}{T_i S}\right) \qquad (4.5.2)$$

这种调节器是在过程控制中应用最多的一种调节器。

(3)比例微分(PD)调节器

PD 调节器具有微分的作用,能增加系统的稳定度,比例系数的增大能加快系统的调节过程,减小动态和静态误差。但微分不能过大,以利于抗高频干扰。PD 调节器的传递函数为

$$G_C(S) = K_P(1 + T_D S) \qquad (4.5.3)$$

(4)比例微分积分(PID)调节器

PID 调节器是常规调节器中性能最好的一种调节器。由于它具有各类调节器的优点,因此使系统具有更高的控制质量。它的传递函数为

$$G_C(S) = K_P\left(1 + \frac{1}{T_i S} + T_D S\right) \qquad (4.5.4)$$

4.5.4　调节器参数的整定方法

调节器参数的整定方法一般有两种：一是理论设计整定法，即根据广义对象的数学模型和性能要求，用根轨迹法或频率法来确定调节器的相关参数；二是工程实验整定法，通过对典型输入响应曲线所得到的特征量，然后查照经验表，求得调节器的相关参数。工程实验整定法有以下 4 种：

(1)经验法

若将控制系统液位、流量、温度及压力等参数来分类，则属于同一类别的系统，其对象往往比较接近。因此，无论是控制器形式还是所整定的参数均可相互参考。表 4.5.1 为经验法整定参数的参考数据。在此基础上，对调节器的参数作进一步修正。若需加微分作用，微分时间常数按 $T_D = (1/3 \sim 1/4)T_I$ 计算。

表 4.5.1　经验法整定参数

系统	$\delta/\%$	T_I/min	T_D/min
温度	$20 \sim 60$	$3 \sim 10$	$0.5 \sim 3$
流量	$40 \sim 100$	$0.1 \sim 1$	—
压力	$30 \sim 70$	$0.4 \sim 3$	—
液位	$20 \sim 80$	—	—

(2)临界比例度法

这种整定方法是在闭环情况下进行的。设 $T_I = \infty$，$T_D = 0$，使调节器工作在纯比例情况下，将比例度由大逐渐变小，使系统的输出响应呈等幅振荡，如图 4.5.3 所示。根据临界比例度 δ_S 和振荡周期 T_S，按表 4.5.2 所列的经验算式，求取调节器的参考参数数值。这种整定方法是以得到 4:1 衰减为目标。

表 4.5.2　临界比例度法整定调节器参数

调节器名称	δ_S	T_I/s	T_D/s
P	$2\delta_S$	—	—
PI	$2.2\delta_S$	$T_S/1.2$	—
PID	$1.6\delta_S$	$0.5T_S$	$0.125T_S$

临界比例度法的优点是应用简单方便，但此法有一定限制。从工艺上看，允许受控变量能承受等幅振荡的波动，其次是受控对象应是二阶和二阶以上或具有纯滞后的一阶以上环节，否则在比例控制下，系统不会出现等幅振荡。在求取等幅振荡曲线时，应特别注意控制阀出现开、关的极端状态。

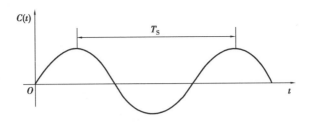

图 4.5.3　具有周期 T_S 的等幅振荡

（3）阻尼振荡法（衰减曲线法）

在闭环系统中，首先把调节器设置为纯比例作用，然后把比例度由大逐渐减小，加阶跃扰动观察输出响应的衰减过程，直至出现如图 4.5.4 所示的 4:1 衰减过程为止。这时的比例度称为 4:1 衰减比例度，用 δ_S 表示。相邻两波峰之间的距离称为 4:1 衰减周期 T_S。根据 δ_S 和 T_S，运用表 4.5.3 的经验公式，则可计算调节器预整定的参数值。

表 4.5.3　阻尼振荡法计算公式

调节器名称	调节器参数		
	$\delta/\%$	T_I/min	T_D/min
P	δ_S	—	—
PI	$1.2\delta_S$	$0.5T_S$	—
PID	$0.8\delta_S$	$0.3T_S$	$0.1T_S$

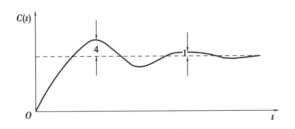

图 4.5.4　4:1 衰减曲线法图形

（4）反应曲线法

如果被控对象是一阶惯性环节，或具有很小滞后的一阶惯性环节。若用临界比例度法或阻尼振荡法（4:1 衰减），则有难度。对这种情况，可采用反应曲线法来整定调节器的参数。如图 4.5.5 所示为实验系统的方框图。令调节器的输出 $X(t)$ 为阶跃信号，则对象经测量变送器后的输出 $Y(t)$，如图 4.5.6 所示。由图 4.5.6 可确定 τ, T 和 K。其中，K 可确定为

$$K = \frac{y(\infty) - y(0)}{x_0} \tag{4.5.5}$$

根据所求的 K, T 和 τ，利用表 4.5.4 的经验公式，则可计算对应于衰减率为 4:1 时调节器的相关参数。

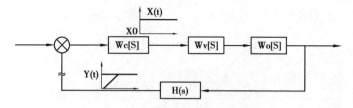

图 4.5.5　实验系统方框图

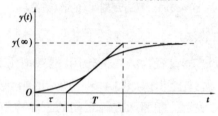

图 4.5.6　阶跃响应曲线

表 4.5.4　经验计算公式

调节器名称	调节器参数		
	$\delta/\%$	T_{I}	T_{D}
P	$\dfrac{K\,\tau}{T}\times 100\%$	—	—
PI	$1.1\dfrac{K\,\tau}{T}\times 100\%$	$3.3\,\tau$	—
PID	$0.85\dfrac{K\,\tau}{T}\times 100\%$	$2\,\tau$	$0.5\,\tau$

实验 4.6　液位定值控制实验

4.6.1　实验目的

①了解单闭环液位控制系统的结构与组成。
②掌握单闭环液位控制系统调节器参数的整定。
③研究调节器相关参数的变化对系统动态性能的影响。

4.6.2　实验设备

①化工仪表与控制实训装置。
②计算机及相关软件。

4.6.3　实验原理

本实验系统的被控对象为下水箱,其液位高度作为系统的被控制量。系统的给定信号为一定值,它要求被控制量下水箱的液位在稳态时等于给定值。由反馈控制的原理可知,应把上水箱的液位经传感器检测后的信号作为反馈信号。如图 4.6.1 所示为本实验系统的结构图,如图 4.6.2 所示为控制系统的方框图。为了实现系统在阶跃给定和阶跃扰动作用下无静差,系统的调节器应为 PI 或 PID。

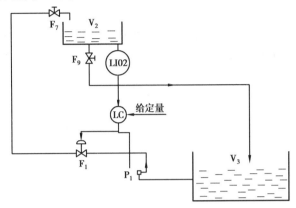

图 4.6.1 液位定值控制结构图

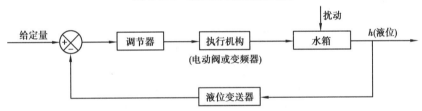

图 4.6.2 上水箱液位定值控制方框图

4.6.4 实验步骤

①按图 4.6.1 选择实验线路,打开 F_7 和 F_9。

②接通总电源,启动离心泵 P_1。

③保持 F_1 开度不变或 P_1 频率不变。

④选用单回路控制系统实验中所述的某种调节器参数的整定方法,整定好调节器的相关参数。

⑤设置好系统的给定值后,把调节器(电动阀或变频器)切换为自动,使系统投入自动运行状态。

⑥启动计算机,运行力控组态软件,并进行下列实验:

a. 当系统稳定运行后,突加阶跃扰动(将给定量增加 5% ~ 15%),观察并记录系统的输出响应曲线。

b. 待系统进入稳态后,适量改变阀 F_7 的开度,以作为系统的扰动,观察并记录在阶跃扰动作用下液位的变化过程。

⑦适量改变 PI 的参数,用计算机记录不同参数时系统的响应曲线。

实验4.7 热水箱温度定值控制实验

4.7.1 实验目的

①了解单回路温度控制系统的组成与工作原理。
②研究P,PI,PD和PID 4种调节器分别对温度系统的控制作用。

4.7.2 实验设备

①化工仪表与控制实训装置。
②计算机及相关软件。

4.7.3 实验原理

如图4.7.1所示为热水箱温度定值控制系统的结构示意图。其控制任务是在电加热丝不断加热的过程中保持热水箱水温不变,即控制热水箱温度等于给定值。但在实验进行前,必须先向热水箱内灌水。当水位上升至适当高度才开始加热,注意在加热过程中不再加水。

热水箱温度的定值控制系统中,其参数的整定方法与其他单回路控制系统一样。由于加热过程容量时延较大,因此,其控制过渡时间也较长。

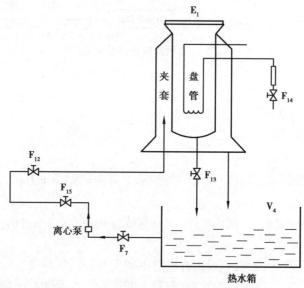

图4.7.1 热水箱温度控制系统的结构示意图

4.7.4 实验内容与步骤

①按图4.7.2选择实验线路,打开相关阀门。
②接通总电源,启动离心泵 P_2。

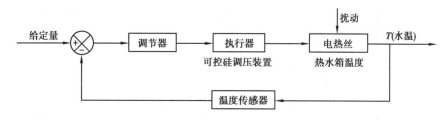

图 4.7.2　热水箱温度控制系统的方框图

③检查热水箱内水位是否适量。

④按阶跃响应曲线法,确定 PI 调节器的参数 δ 和 T_1。

⑤设置好温度的给定值,把调节器由手动切换为自动,使系统进入自动运行状态。

⑥打开计算机,运行力控组态软件,并进行以下实验:当系统稳定运行后,突加阶跃扰动(将给定量增加 5% ~ 15%),观察并记录系统的输出响应曲线。

⑦通过反复多次调节 PI 的参数,使系统具有较满意的动态性能指标,并用计算机记录此时系统的动态响应曲线。

实验 4.8　电动阀支路流量的定值控制实验

4.8.1　实验目的

①了解单闭环流量定值控制系统的组成。

②应用阶跃响应曲线法整定调节器的参数。

③研究调节器中相关参数的变化对系统性能的影响。

④利用最大偏差、余差、衰减比、振荡周期及过渡时间等参数,评价过渡过程的控制质量。

4.8.2　实验设备

①化工仪表与控制实训装置。

②计算机及相关软件。

4.8.3　实验原理

如图 4.8.1 所示为单闭环流量控制系统的结构图。系统的被控对象为管道,流经管道中的液体流量 Q 作为被控制量。基于系统的控制任务是维持被控制量恒定不变,即在稳态时,它总等于给定值。因此,需把流量 Q 经检测变送后的信号作为系统的反馈量,并采用 PI 调节器。如图 4.8.2 所示为系统的控制方框图。

基于被控对象是一个时间常数较小的惯性环节,故本系统调节器的参数宜用阶跃响应曲线法确定。

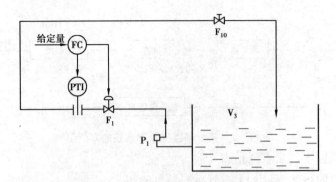

图 4.8.1　单闭环流量控制系统的结构图

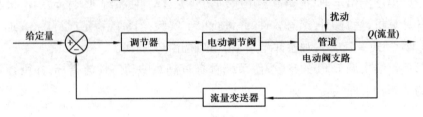

图 4.8.2　单闭环流量控制系统的方框图

4.8.4　实验步骤

①按图 4.8.1 选择实验线路,打开相关阀门。

②接通总电源,启动离心泵 P_1。

③按经验数据预先设置好副调节器的比例度。

④打开阀 F_{10}。

⑤根据用阶跃响应曲线法求得的 K,T 和 τ,查表 4.5.3 和表 4.5.4 确定 PI 调节器的参数 δ 和周期 T_i。

⑥设置流量的给定值后,把调节器由手动切换为自动,使系统进入自动运行状态。

⑦打开计算机,运行力控组态软件,并进行以下实验:当系统稳定运行后,突加阶跃扰动(将给定量增加 5% ~15%),观察并记录系统的输出响应曲线。

⑧通过反复多次调节 PI 的参数,使系统具有较满意的动态性能指标,并用计算机记录此时系统的动态响应曲线。

实验 4.9　热水箱温度位式控制实验

4.9.1　实验目的

①了解位式温度控制系统的结构与组成。

②掌握位式控制系统的工作原理及其调试方法。

4.9.2　实验设备

①化工仪表与控制实训装置。
②计算机及相关软件。

4.9.3　实验原理

如图 4.9.1 所示为热水箱温度位式控制结构示意图。温度测量通常采用热电阻元件（感温元件）。它是利用金属导体的电阻值随温度变化而变化的特性来进行温度测量的。在本实验中,采用的热电阻为 Pt100 铂电阻。铂电阻元件是采用特殊的工艺和材料制造,它具有很高的稳定性和耐震动等特点,还具有较强的抗污染能力。

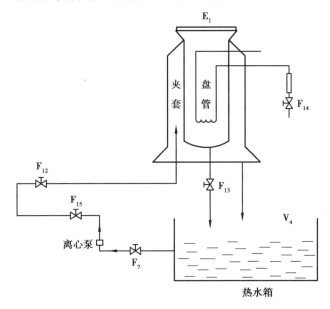

图 4.9.1　热水箱温度位式控制结构示意图

本实验的被控对象是热水箱的电热丝,被控制量是水温 T,温度变送器把被控制量 T 转变为反馈电压 V_i,它与二位调节器设定的上限输入 V_{max} 和下限输入 V_{min} 比较,从而决定二位调节器输出继电器闭合与断开,即控制位式接触器接通与断开。如图 4.9.2 所示为位式控制器的工作原理图。

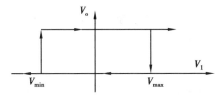

图 4.9.2　位式控制器的输入-输出特性

V_o —— 位式控制器的输出;V_i —— 位式控制器的输入;

V_{max} —— 位式控制器的上限输入;V_{min} —— 位式控制器的下限输入

由图 4.9.2 可知,V_o 与 V_i 的关系不仅有死区存在,而且还有回环。因此,如图 4.9.2 所示的系统实质上是一个典型的非线性控制系统。执行器只有"开"或"关"两种极限工作状态,故称这种控制器为二位调节器。该系统的工作原理是:当被控制的水温 T 减小到小于设定下限值时,即 $V_i \leq V_{min}$ 时,位式调节器的输出继电器闭合,交流接触器接通,使电热丝接通三相 380 V 电源进行加热,如图 4.9.1 所示。随着水温 T 的升高,V_i 也不断增大,当增大到大于设定上限值时,即 $V_i \geq V_{max}$ 时,则位式调节器的输出继电器断开,这样交流接触器也断开,切断电热丝的供电。由于这种控制方式具有冲击性,易损坏元器件,因此,只适用在对控制质量要求不高的场合。

位式控制系统的输出是一个断续控制作用下的等幅振荡过程,因此,不能用连续控制作用下的衰减振荡过程的温度品质指标来衡量,而应用振幅和周期作为控制品质的指标。一般要求其振幅小,周期长。但是,对于同一个位式控制系统来说,若要振幅小,则周期必然短;若要周期长,则振幅必然大。因此,通过合理选择中间区,使振幅在限定范围内,以尽可能获得较长的周期。如图 4.9.3 所示为本实验系统的方框图。

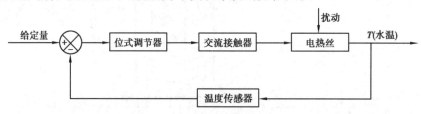

图 4.9.3　热水箱温度位式控制方框图

4.9.4　实验步骤

①按图 4.9.1 选择实验线路,打开相关阀门。

②接通总电源,启动离心泵 P_2。

③启动 P_1,向 E_1 打水,使水位至最大容量的 2/3 左右时,停止打水。

④在调节器上设置好温度的给定值及控制范围,使系统投入运行。

⑤打开计算机,运行力控组态软件并进入本实验,观察并记录系统的输出响应曲线。

⑥当系统进入等幅振荡后,突加阶跃扰动(将给定量增/减 5% ~ 15%),观察并记录系统的输出响应曲线。

实验 4.10　串级控制系统的连接实践

4.10.1　串接控制系统的组成

如图 4.10.1 所示为串级控制系统的方框图。该系统有主、副两个控制回路,主、副调节器串联工作。其中,主调节器有自己独立的设定值 R,它的输出 m_1 作为副调节器的给定值,副调节器的输出 m_2 控制执行器,以改变主参数 C_1。

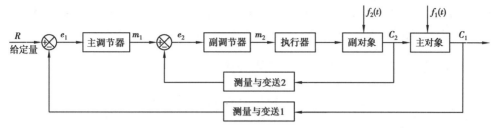

图 4.10.1　串级控制系统的方框图

R—主参数的给定值；C_1—被控的主参数；C_2—副参数；

$f_1(t)$—作用在主对象上的扰动；$f_2(t)$—作用在副对象上的扰动

4.10.2　串级控制系统的特点

(1)改善过程的动态特性

由负反馈原理可知,副回路不仅能改变副对象的结构,而且还能使副对象的放大系数减小,频带变宽,从而使系统的响应速度变快,动态性能得到改善。

(2)能及时克服进入副回路的各种二次扰动,提高系统抗扰动能力

串级控制系统比单回路控制系统多一个副回路,当二次扰动进入副回路,由于主对象的时间常数大于副对象的时间常数,因此当扰动还没有影响主控参数时,副调节器就开始动作,能及时减小或消除扰动对主参数的影响。基于这一特点,在设计串级控制系统时,应把可能产生的扰动都纳入副回路中,以确保主参数的控制质量。至于作用在主对象上的一次扰动对主参数的影响,一般通过主回路的控制来消除。

(3)提高系统的鲁棒性

副回路的存在使对副对象(包括执行机构)特性变化的灵敏度降低,即系统的鲁棒性可得到提高。

(4)具有一定的自适应能力

串级控制系统的主回路是一个定值控制系统,副回路则是一个随动系统。主调节器能按照负荷和操作条件的变化,不断地自动改变副调节器的给定值,使副调节器的给定值能适应负荷和操作条件的变化。

4.10.3　串级控制系统的设计原则

(1)主、副回路的设计

①副回路不仅包括生产过程中的主要扰动,而且还应包括更多的扰动信号。

②主、副对象的时间常数要合理匹配。

一般要求主、副对象时间常数的匹配能使主、副回路的工作频率之比大于 3。因此,要求主、副回路的时间常数之比应为 3～10。

(2)主、副调节器控制规律的选择

在串级控制系统中,主、副调节器所起的作用是不同的。主调节器起定值控制作用,其控制任务是使主参数等于给定值(无余差),故一般宜采用 PI 调节器。由于副回路是一个随动系统,它的输出要求能快速、准确地复现主调节器输出信号的变化规律,对副参数的动态性能和余差无特殊的要求,因此副调节器可采用 P 或 PI 调节器。

4.10.4 主、副调节器正、反作用方式的选择

如在单回路控制系统设计中所述,要使一个过程控制系统能正常工作,系统必须采用负反馈。对于串级控制系统来说,主、副调节器的正、反作用方式的选择原则是使整个系统构成负反馈系统,即其主通道各环节的放大系数极性乘积必须为正值。

各环节放大系数极性的正负规定如下:

(1)调节器的 K_C

当测量值增加,调节器的输出也增加,则 K_C 为负(即正作用调节器);反之,K_C 为正(即反作用调节器)。

(2)调节阀的系数 K_V

气开式调节阀,则 K_V 为正;气关式调节阀,则 K_V 为负。

(3)过程放大系数 K_0

当过程的输入增大时,即调节阀开大,其输出也增大,则 K_0 为正;反之,K_0 为负。

4.10.5 串级控制系统的整定方法

在工程实践中,串级控制系统常用的整定方法有以下两种:

(1)两步整定法

两步整定法就是先整定副调节器的参数,后整定主调节器的参数。

其整定的具体步骤如下:

①在工况稳定,主、副回路闭合,主、副调节器都在纯比例作用下,将主调节器的比例度置于 100% 的刻度上,然后用单回路反馈控制系统的整定方法来整定副回路。如按衰减比 4∶1 的要求将副调节器的比例度由大逐渐减小调节,直到响应曲线呈 4∶1 衰减为止。记下相应的比例度 δ_{2s} 和振荡周期 T_{2s}。

②将副调节器的比例度置于所求的 δ_{2s} 值,且把副回路作为主回路的一个环节,用类同于整定副回路的方法整定主回路,求取主回路比例度 δ_{1s} 和振荡周期 T_{1s}。

③根据求取的 δ_{1s},T_{1s},δ_{2s},T_{2s} 值,按经验公式计算主、副调节器的比例度 δ、积分时间常数 T_I 和微分时间常数 T_d 的实际值。

④按"先副后主""先比例后积分再微分"的整定顺序,将所求的主、副调节器参数设置在相应的调节器上。

⑤观察控制过程,并根据具体情况对调节器的参数作适当调整,直到过程品质达到最佳。

(2)一步整定法

两步整定法需要寻求两个 4∶1 的衰减过程,较费时。经过大量的实践,现已对两步整定

法作了简化,提出了一步整定法。所谓一步整定法,就是根据经验先确定副调节器的参数,再按单回路反馈控制系统的整定方法整定主调节器的参数。

一步整定法的理论依据是:串级控制系统可等价为一个单回路反馈控制系统,其等效的总放大系数 K_C 为主调节器放大系数 K_{C1} 与副回路等效的放大系数 K'_{02} 的乘积,即

$$K_C = K_{C1} K'_{02} \tag{4.10.1}$$

对主、副调节器均为纯比例作用时的串级控制系统,只要满足

$$K_C = \quad = K'_S \tag{4.10.2}$$

式中 K'_S——主回路产生 4:1 衰减过程时的比例放大系数。

具体的整定步骤如下:

①当系统稳态工况后,按单回路整定的经验选取一中间的值作为副调节器的参数。

②利用单回路控制系统的任一种参数整定方法来整定主调节器的参数。

③改变给定值,观察被控制量的响应曲线。根据 K_{C1} 和 K'_{02} 的匹配原理,适当调整调节器的参数,使主控参数品质最佳。

④如果出现振荡现象,只要加大主调节器的比例度 δ 或增大积分时间常数 T_1,即可消除振荡。

实验 4.11 液位与电动调节阀支路流量的串级控制系统

4.11.1 实验目的

①熟悉液位-流量串级控制系统的结构与组成。

②掌握液位-流量串级控制系统的投运与参数的整定方法。

③研究阶跃扰动分别作用于副对象和主对象时对系统主控制量的影响。

④主、副调节器参数的改变对系统性能的影响。

4.11.2 实验设备

①化工仪表与控制实训装置。

②计算机及相关软件。

4.11.3 实验原理

本实验系统的主控量为下水箱的液位高度 h,副控量为电动调节阀支路流量 Q,它是一个辅助的控制变量。系统由主、副两个回路组成。主回路是一个恒值控制系统,使系统的主控制量 h 等于给定值;副回路是一个随动系统,要求副回路的输出能正确、快速地复现主调节器输出的变化规律,以达到对主控制量 h 的控制。

不难看出,由于主对象下水箱的时间常数较大于副对象管道的时间常数,因此当主扰动(二次扰动)作用于副回路时,在主对象未受到影响前,通过副回路的快速调节作用已消除了

扰动的影响。如图 4.11.1 所示为实验系统的结构图,如图 4.11.2 所示为该控制系统的方框图。

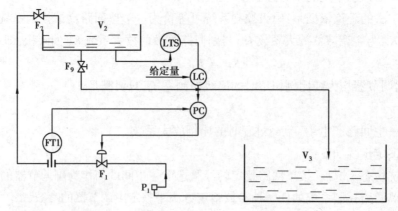

图 4.11.1　液位-流量串级控制系统的结构图

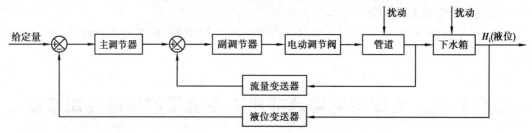

图 4.11.2　液位-流量串级控制系统的方框图

4.11.4　实验步骤

①按图 4.11.1 选择实验线路,打开相关阀门。

②接通总电源,启动离心泵 P_1。

③按经验数据预先设置好副调节器的比例度。

④调节主调节器的比例度,使系统的输出响应呈 4∶1 的衰减度,记下此时的比例度 δ_S 和周期 T_S。按查表所得的 PI 参数对主调节器的参数进行整定。

⑤手动操作主调节器的输出,控制电动调节阀往下水箱打水,待下水箱液位相对稳定且等于给定值时,把主调节器改为自动,系统进入自动运行。

⑥打开计算机,运行力控组态软件,并进行以下实验:当系统稳定运行后,设定值加一合适的阶跃扰动,观察并记录系统的输出响应曲线。

⑦通过反复对主、副调节器参数的调节,使系统具有较满意的动、静态性能,并用计算机记录此时系统的动态响应曲线。

实验 4.12　单闭环流量比值控制系统

4.12.1　实验目的

①了解单闭环比值控制系统的原理与结构组成。
②掌握比值系数的计算。
③掌握比值控制系统的参数整定与投运。

4.12.2　实验设备

①化工仪表与控制实训装置。
②计算机及相关软件。

4.12.3　系统结构框图

单闭环流量比值控制实验系统结构如图 4.12.1 所示。

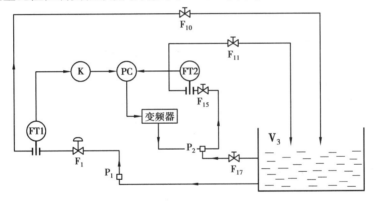

图 4.12.1　单闭环流量比值控制系统结构

4.12.4　实验原理

在工业生产过程中,往往需要几种物料以一定的比例混合参加化学反应。如果比例失调,则会导致产品质量的降低、原料的浪费,严重时还会发生事故。例如,在造纸工业生产过程中,为了保证纸浆浓度,必须自动地控制纸浆量和水量,并按一定的比例混合。这种用来实现两个或两个以上参数之间保持一定比值关系的过程控制系统,称为比值控制系统。

本实验是流量比值控制系统。该系统有两条支路:一路是来自电动阀支路的流量 Q_1,它是一个主动量;另一路是来自变频器-离心泵支路的流量 Q_2,它是系统的从动量。要求从动量 Q_2 能随着主动量 Q_1 的变化而变化,而且两者之间保持一个定值的比例关系,即 $Q_2/Q_1 = K$。

如图 4.12.2 所示为单闭环流量比值控制系统的方框图。可知,主控流量 Q_1 经流量变送器后为 I_1(实际中已转化为电压值。若用电压值除以 250 Ω,则为电流值,其他算法一样),如设比值器的比值为 K,则流量单闭环系统的给定量为 KI_1。如果系统采用 PI 调节器,则在稳态时,从动流量 Q_2 经变送器的输出为 I_2,不难看出,$KI_1 = I_2$。

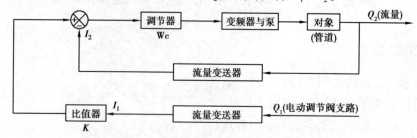

图4.12.2　单闭环流量比值控制系统方框图

4.12.5　比值系数的计算

设流量变送器的输出电流与输入流量呈线性关系。当流量 Q 由 $0 \rightarrow Q_{max}$ 变化时,相应变送器的输出电流为 $4 \rightarrow 20$ mA。由此可知,任一瞬时主动流量 Q_1 和从动流量 Q_2 所对应变送器的输出电流分别为

$$I_1 = \frac{Q_1}{Q_{1max}} \times 16 + 4 \qquad (4.12.1)$$

$$I_2 = \frac{Q_2}{Q_{2max}} \times 16 + 4 \qquad (4.12.2)$$

式中　Q_{1max}, Q_{2max}——Q_1 和 Q_2 的最大流量值。

设工艺要求 $Q_2/Q_1 = K$,则式(4.12.1)可改写为

$$Q_1 = \frac{I_1 - 4}{16} Q_{1max} \qquad (4.12.3)$$

同理,式(4.12.2)也可改写为

$$Q_2 = \frac{I_2 - 4}{16} Q_{2max} \qquad (4.12.4)$$

于是,求得

$$\frac{Q_2}{Q_1} = \frac{I_2 - 4}{I_1 - 4} \cdot \frac{Q_{2max}}{Q_{1max}} \qquad (4.12.5)$$

折算成仪表的比例系数 K' 为

$$K' = K \frac{Q_{1max}}{Q_{2max}} \qquad (4.12.6)$$

4.12.6　实验步骤

①按如图4.12.1所示的实验结构图组成一个为图4.12.2所要求的单闭环流量比值控制系统。

②确定 Q_2 与 Q_1 的比值 K,测定 Q_{1max} 和 Q_{2max},并按式(4.12.6)计算比值器的比例系数 K'。

③接通总电源,启动 P_1 和 P_2。

④另选一只调节器设置为手动输出,并设定在某一数值,以控制电动调节阀支路的流量 Q_1。

⑤PI 调节器 W_C 的参数整定按单回路的整定方法进行。当设定好给定值时,再把手动切换为自动运行。

⑥打开计算机中的力控组态工程,记录实验实时(历史)曲线及各项参数。

⑦待系统的从动流量 Q_2 趋于不变时(系统进入稳态),适量改变主动流量 Q_1 的大小,然后观察并记录从动流量 Q_2 的变化过程。

⑧改变比值器的比例系数 K',观察从动流量 Q_2 的变化,并记录相应的动态曲线。

第 5 部分 过程装备监测与故障诊断

实验 5.0 预备知识:转子系统及测试仪器的使用

5.0.1 概述

INV1612 型机床转子诊断仪实验系统是高等院校、科研院所和生产部门进行柔性转子多种振动实验的实验设备。它可以模拟多种旋转机械的振动情况,并可通过 INV306U 数据采集系统与 INV1612 型多功能柔性转子系统对系统振动情况(转速、振幅、相位及位移)进行采集、测量与分析。该系统可进行转子动平衡、临界转速、油膜涡动、摩擦振动、全息谱和非线性分岔图等实验,是一套非常适合于科研、教学和培训演示的转子实验系统。

5.0.2 实验系统组成

INV1612 型机床转子诊断仪实验系统组成如图 5.0.1 所示。其系统主要由以下两部分组成:

①INV1612T 型多功能柔性转子实验台及各种振动传感器。

②INV306U 型采集分析系统。

此外,还可选择 INV 多功能滤波放大器,对信号进行滤波和放大处理,获得更好的效果。

图 5.0.1 INV1612 型机床转子诊断仪实验系统

5.0.3　转子实验软件

INV1612 系统软件主界面如图 5.0.2 所示。单击相应按钮进入不同模块的软件。其中,转子实验模块主界面如图 5.0.3 所示,动平衡模块主界面如图 5.0.4 所示,旋转机械模块主界面如图 5.0.5 所示。

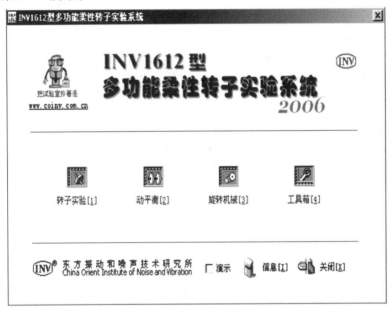

图 5.0.2　INV1612 系列软件主界面

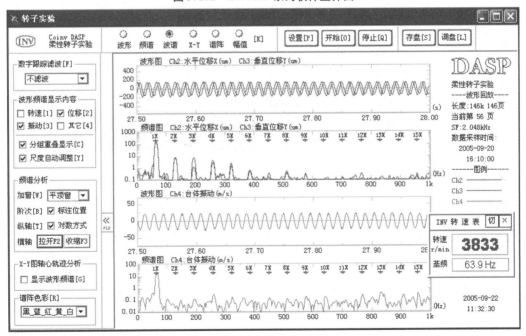

图 5.0.3　转子实验模块主界面

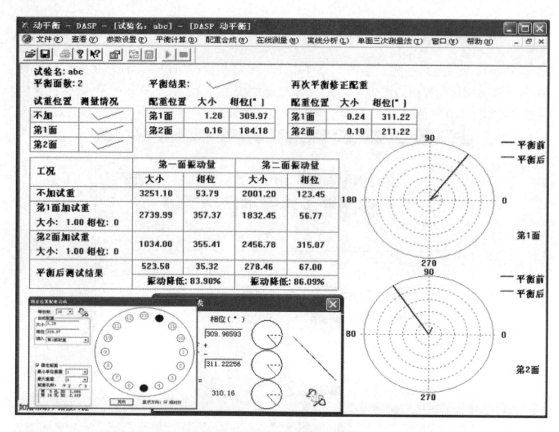

图5.0.4　动平衡模块主界面

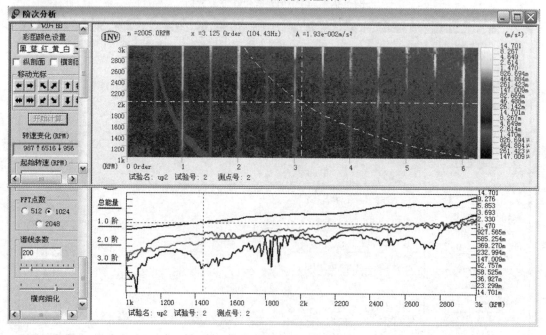

图5.0.5　旋转机械模块主界面

5.0.4　实验系统硬件连接示意图

INV1612 硬件连接如图 5.0.6 所示,3 种传感器外观如图 5.0.7 所示。

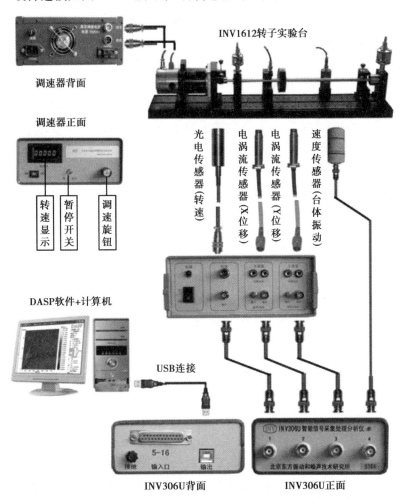

图 5.0.6　INV1612 硬件连接示意图

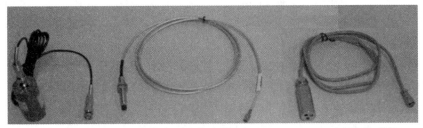

(a)速度传感器　　　(b)电涡流传感器　　　(c)光电传感器

图 5.0.7　3 种传感器外观示意图

5.0.5　仪器使用的注意事项

(1)多功能转子实验台

在各种情况下,实验台都应保持水平放置,并避免对轴系的强力碰撞。通常要放在质量大且坚固的桌面上,最好添加橡胶减振垫,防止因桌面共振使实验结果出现偏差(如条件不具备,也可在地面进行实验)。

使用前,要检查螺钉是否紧固,调速电机运行状态是否正确,运转是否平稳。

由于实验台的轴承使用的是滑动轴承,因此,在实验过程中要确保油杯内有足够的润滑油,禁止轴承在无润滑的情况下运行,导油槽皮管要外接盛油杯,并回收剩油。

平时仪器应放在干燥处,保持整洁。

实验台的旋转轴属于精密加工部件,在每次使用实验台或搬动时,严禁在轴上施加任何力量。在实验台不使用时,要用配重盘橡胶托件垫在配重盘下,以防止转轴因重力而变形。

实验台的轴承支架在出厂前经过对中调整,因此,在实验时,除需要拆卸的部件外,其他轴承支架严禁拆卸,以免影响旋转轴的性能。如需要拆卸,在安装轴时,要把轴的连接面全部插入联轴器的安装孔内。

进行实验时,要把油杯上方的油阀开关调整到竖直位置。实验完毕后,把开关调整到水平位置。

在进行动平衡实验时,转子附加的配重必须拧紧或确保完全拧进转子内部,并且在转子运行过程中,转子的切线方向不得站人,以免物体飞出伤人。

因使用不正确或其他原因,转轴可能发生弯曲变形,故此时应立即停止使用,并与仪器生产厂家联系,及时维修或更换。

(2)传感器探头的正确安装、调整和固定

1)电涡流传感器

平时要妥善保管,不要碰碰传感器头;在安装传感器探头时,特别要注意将探头的电缆松开,以防止扭断引线。使用和运输时,电缆应避免强烈的弯折和扭转。

2)电涡流位移传感器探头调整

适当调整传感头部端面与转轴之间的间距,使前置器前端间隙电压与传感器说明书一致。注意,不能在轴旋转时调整探头间隙电压,以避免破坏探头。调整完成后,用锁紧螺母锁紧。

为了避免电磁干扰,在测量 X-Y 图时,应使两传感器探头错开一定距离。

测量转轴径向振动时,电涡流传感器的安装如图 5.0.8 和图 5.0.9 所示。可在安装支架上分别安装水平和垂直方向的两个传感器。

在调节探头与检测面之间的间隙时,受测面应保持静止。

3)测速光电传感器安装调试

适当调整传感器与轴上反光纸之间的距离,约为 1 cm。轻轻拨动转轴,观察绿色指示灯是否变化,并将紧定螺钉拧紧。

图 5.0.8　测量径向位移

图 5.0.9　测量轴向位移

电涡流前置器与光电传感器供电电源集成在一起,彼此对应接头连接好,直接用 220 V 交流电源供电即可。

(3)测试线路检测

连接所有测试仪器,并接通电源。首先调整调速器,使其在低速稳定状态旋转,观察测试软件中时域波形是否正常。如不正常,应先考虑连接线问题,再检查仪器电源是否打开,以及仪器挡位是否正确。

实验 5.1　转子临界转速测量

5.1.1　实验目的

①了解转子临界转速的概念。
②学习测量系统硬件操作使用及系统组建。
③熟悉 INV1612 型多功能柔性转子实验模块的使用。
④学习转子临界转速的测量原理及方法。
⑤观察转子在临界速度时的振动现象,以及幅值和相位的变化情况。

5.1.2　实验原理

转子转动角速度数值上与转轴横向弯曲振动固有频率相等,即 $\omega = \omega_n$ 时的转速,称为临界转速。

转子在临界转速附近转动时,转轴的振动明显变得剧烈,即处于"共振"状态,转速超过临界转速后的一段速度区间内,运转又趋于平稳。因此,通过观察转轴振动幅值-转速曲线可测量临界转速。

轴心轨迹在通过临界转速时,长短轴发生明显变化,因此,通过观察轴心 X-Y 图中振幅-相位变化,可判断临界转速。

转轴在通过临界转速时,振动瞬时频谱幅值明显增大,因此,通过观察 X,Y 向振动频谱的变化,可判断临界转速。

5.1.3 实验操作步骤

①查看实验注意事项,做好实验的准备工作,准备实验仪器及软件。

②组建测试系统:

a. 抽出配重盘橡胶托件,油壶内加入适量的润滑油。

b. 按照实验预备知识中图 5.0.1 和 5.0.6 连接测试系统,速度传感器可不连接。检测连接是否正常。

c. 运行 INV1612 型多功能柔性转子实验系统软件→转子实验模块。

③采样参数设置。单击如图 5.1.1 所示的"设置[P]"按钮,参照如图 5.1.2 所示采样和通道参数的设置来分配传感器信号的通道。采集仪的 1 通道接转速(键相)信号,2 通道接水平位移 X 向信号,3 通道接垂直位移 Y 向信号;对 0~10 000 r/min 的转子实验装置,为兼顾时域和频域精度,一般采样频率应设置在 1 024~4 096 Hz 较为合适;程控放大可将信号放大,但注意不要太大,以免信号过载;X-Y(轴心轨迹)图设置中选择 X,Y 轴对应的测量通道,用于通过轴心轨迹,观察临界转速。谱阵和幅值曲线图设置中,选择 X 或 Y 向位移信号对应的分析通道,本次实验用于测量转速-幅值曲线判断临界转速。设置完毕后,单击"确定"按钮。

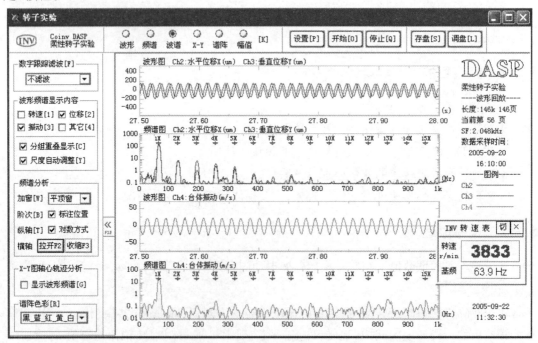

图 5.1.1 转子实验模块测试界面

本次实验中,由于转轴较细,为了避免传感器磁头发生磁场交叉耦合引起的误差,因此,X,Y 向传感器不要安装在同一平面内。

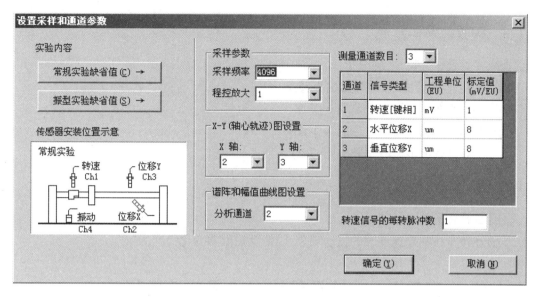

图 5.1.2　采样和通道参数设置

在图 5.1.1 转子实验模块测试界面左侧"数字跟踪滤波[F]"下拉菜单中,选择不滤波或基频 1X 带通方式;在虚拟仪器库栏下,打开"转速表[F7]"和"幅值表[F8]",观察转速和幅值变化;在图形显示区上方"设置[P]"按钮左侧,选择测量信号显示方式:波形、频谱、X-Y 图、幅值等(可按热键[K]进行显示方式快速切换)。

④检查连线连接无误后,开启各仪器电源,单击"开始"按钮,并同时启动转子,观察测量信号是否正常。

⑤数据采集:

a.转速幅值曲线。

将显示调到幅值[K],逐渐提高转子转速,同时要注意观察转子转速与振幅的变化;接近临界转速时,可发现振幅迅速增大,转子运行噪声也加大,转子通过临界转速后,振幅又迅速变小。

观察基频振幅-转速曲线,逐渐调整转速。振幅最大时,即为系统的一阶临界转速。在临界转速附近运转时,要快速通过,以避免长时间剧烈振动对系统造成破坏。

b.X-Y 图。

在数字跟踪滤波方式[F]选择 0-1X 低通或基频 1X 带通挡,图形显示方式选择 X-Y 图,逐渐改变转速,注意观察轴心轨迹在临界转速附近幅值、相位的变化趋势。在实验结果和分析中,绘出在临界转速之前和连接转速之后的两个轴心轨迹,比较其幅值、相位的变化特性。

c.频谱图。

在数字跟踪滤波方式[F]选择不滤波或基频 1X 带通挡,图形显示方式选择频谱;逐渐改变转速,注意观察频谱变化趋势。当过临界转速时,发生共振,瞬时频谱幅值明显变大,可判断临界转速。

⑥实验完毕后,数据存盘。

5.1.4 实验结果和分析

调入实验数据,进行实验分析:

①绘出转速-幅值曲线,并标出临界转速。

②绘制轴心在临界转速之前的 X-Y 图。

③绘制轴心在临界转速之后的 X-Y 图。

④绘出频谱幅值最大时刻频谱图,并标出转速与幅值。

5.1.5 思考与讨论

①什么是转子临界转速?

②简述转子在临界速度时的振动现象、幅值及相位的变化情况。

实验 5.2 转子结构对临界转速的影响

5.2.1 实验目的

①加深对转子临界转速概念的理解。

②比较转子结构变化对临界速度的影响情况。

③学习测量系统软件、硬件的操作方法,了解测试系统的组成。

5.2.2 实验原理

本实验原理和步骤与实验 5.1 转子临界转速测量实验原理和步骤相同,都是通过检测转子过临界时的振幅、相位及频谱的变化来测量系统的临界转速。但是,本实验改变了转子实验台的结构形态,使系统的临界转速发生变化。

结构变化方式如下:

①改变单盘转子装配位置。

②换上两个圆盘转子,重新安装固定。

5.2.3 实验操作步骤

(1)改变圆盘装配位置

①查看实验注意事项,做好实验的准备工作,准备实验仪器及软件。

②组建测试系统:

a.抽出配重盘橡胶托件,油壶内加入适量的润滑油。

b.按照实验预备知识中图 5.0.1 和图 5.0.6 连接测试系统,速度传感器可不连接,并检测连接是否正常。

c.运行 INV1612 型系统软件→转子实验模块。

③采样参数设置。

单击"设置[P]"按钮,参照如图 5.2.1 所示采样和通道参数的设置来分配传感器信号的通道。采集仪的 1 通道接转速(键相)信号,2 通道接水平位移 X 向信号,3 通道接垂直位移 Y 向信号;对 0～10 000 r/min 的转子实验装置,为兼顾时域和频域精度,一般采样频率应设置在 1 024～4 096 Hz 较为合适;程控放大可将信号放大,但注意不要太大,以免信号过载;X-Y(轴心轨迹)图设置中选择 X,Y 轴对应的测量通道,用于通过轴心轨迹观察临界转速。在谱阵和幅值曲线图设置中,选择 X 或 Y 向位移信号对应的分析通道,本次实验用于测量转速-幅值曲线判断临界转速。设置完毕后,单击"确定"按钮。

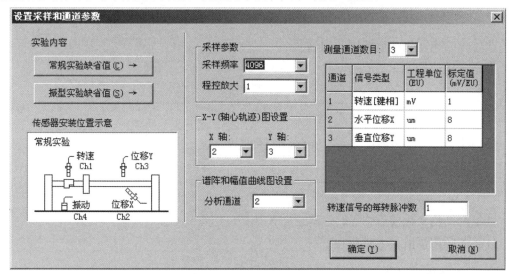

图 5.2.1 采样和通道参数设置

本次实验中,由于转轴较细,为了避免传感器磁头发生磁场交叉耦合引起的误差,因此,X,Y 向传感器不要安装在同一平面内。

在转子实验软件界面左侧数字跟踪滤波[F]下拉菜单中,选择不滤波或基频 1X 带通方式;在虚拟仪器库栏下打开"转速表[F7]"和"幅值表[F8]",观察转速和幅值变化;在图形显示区上方"设置[P]"按钮左侧,选择测量信号显示方式:波形、频谱、X-Y 图及幅值等(可按热键[K]进行显示方式快速切换)。

④检查连线连接无误后,开启各仪器电源,同时启动转子,观察测量信号是否正常。

⑤数据采集:

a.转速幅值曲线。将显示调到"幅值"方式,逐渐提高转子转速,同时要注意观察转子转速与振幅的变化;接近临界转速时,可发现振幅迅速增大,转子运行噪声也加大,转子通过临界转速后,振幅又迅速变小。

观察基频振幅-转速曲线,逐渐调整转速,振幅最大时即为系统的一阶临界转速。在临界转速附近运转时要快速通过,以避免长时间剧烈振动对系统造成破坏。

b.X-Y 图。在数字跟踪滤波方式[F]选择 0-1X 低通或基频 1X 带通挡,图形显示方式选择 X-Y 图,逐渐改变转速,注意观察轴心轨迹在临界转速附近幅值、相位的变化趋势。在实验结果和分析中,绘出轴心轨迹在临界转速附近幅值、相位的变化。

c. 频谱图。在数字跟踪滤波方式[F]选择不滤波或基频 1X 带通挡,图形显示方式选择频谱;逐渐改变转速,注意观察频谱变化趋势。当过临界转速时发生共振,瞬时频谱幅值明显变大,可判断临界转速。

⑥实验完毕后,数据存盘。

(2)两个圆盘转子时的临界转速测量

在轴上重新安装两个圆盘,并固定,重复上面测试步骤。

5.2.4　实验结果和分析

①绘出结构变化前后振幅-转速曲线。
②临界转速见表 5.2.1。

表 5.2.1　临界转速/(r · min^{-1})

原结构临界转速		
临界转速	单盘位置变化	
	安装双盘	

③绘制结构变化前后临界转速附近的 X-Y 图。
④绘制频谱幅值最大时刻频谱图。

5.2.5　思考与讨论

比较转子结构变化对临界速度的影响情况。

实验 5.3　轴承座及台体振动测量

5.3.1　实验目的

①观察转子在不同转速时轴承座及台体振动状况的变化。
②理解结构发生共振时的振动情况。

5.3.2　实验原理

转子旋转时,实验台振动形式为受迫振动,实验台受到转子旋转时持续地周期作用,台体振动频率与激振频率(即转子旋转频率)相同,振幅、相位决定于系统本身的性质(质量、刚度、黏性阻尼系数)和激振力的性质(力幅、频率),而与初始条件无关。

受外界激振力作用的台体运动微分方程为

$$m\ddot{x} + c\dot{x} + kx = F_0 \sin(\omega t) \tag{5.3.1}$$

其系统稳态响应为

$$x(t) = B \sin(\omega t + \phi) \tag{5.3.2}$$

式中　B——受迫振动的振幅；

　　　ϕ——位移滞后于激振力的相位角；

　　　ω——激振频率。

其中

$$B = \frac{\dfrac{F_0}{m}}{\sqrt{(\Omega^2 - \omega^2)^2 + 4\eta^2\omega^2}} \tag{5.3.3}$$

$$\phi = \arctan\left(\frac{-2\eta\omega}{\Omega^2 - \omega^2}\right) \tag{5.3.4}$$

式中，$\eta = \dfrac{c}{2m}, \xi = \dfrac{\eta}{\Omega}, \Omega = \sqrt{\dfrac{k}{m}}$。

因此，可知影响振幅的因素 F_0, η；受迫振动的振幅 B 与激振力振幅 F_0 成正比，即 $\omega = \sqrt{1 - 2\xi^2}\,\Omega$ 时，在 ξ 较小的情况下，振幅 B 可以很大，这就是共振现象。共振在振动问题中占特别重要的地位。许多因振动遭到破坏的机器，有相当一部分是处在共振状态附近运转所致。因此，各种机器(除在共振状态下工作的振动机械外)和结构在设计时均应作振动分析，要注意在工作转速范围内应避开结构的固有频率，以免发生共振而对结构造成大的破坏。

5.3.3　实验操作步骤

①查看实验注意事项，做好实验的准备工作。抽出配重盘橡胶托件，油壶内加入适量的润滑油。

②按实验预备知识中图 5.0.1 和图 5.0.6 连接测试系统，电涡流传感器可不连接。将配有超强磁座的速度传感器吸附在台体上，与调理设备或采集系统连接好。

③采样参数设置。

进入 INV1612 型机床转子诊断仪实验系统软件，选择转子实验按钮，进入转子实验模块界面。

单击程序"设置[P]"按钮，参照图 5.3.1 常规实验缺省的采样和通道参数的设置来分配传感器信号的通道。采集仪的 1 通道接转速(键相)信号，2 通道接垂直速度传感器；对 0～10 000 r/min 的转子实验装置，为兼顾时域和频域精度，一般采样频率应设置在 1 024～4 096 Hz 较为合适；程控放大可将信号放大，但注意不要太大，以免信号过载。

在数字跟踪滤波方式[F]选择不滤波或 0-2X 低通挡；在虚拟仪器库栏下打开转速表[F7]和幅值表[F8]，转速表和幅值表都可拖到屏幕适当的位置；显示曲线选择幅值(在曲线界面上方，可按热键[K]进行各种测量的快速切换)。

④检查连线连接无误后，开启各仪器电源；单击"开始"按钮，并同时启动转子。

⑤数据采集。

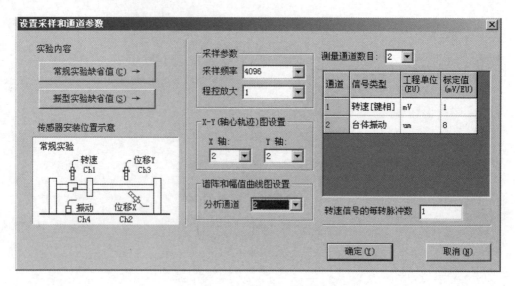

图5.3.1 采样和通道参数设置

转速-幅值曲线:将显示调到幅值[K],逐渐提高转子转速,同时要注意观察转子转动速度和振幅的变化,接近临界转速时,可发现振幅迅速增大,转子运行噪声也加大,转子通过临界转速后,振幅又迅速变小。振幅最大时,即为系统的一阶临界转速。在临界转速附近运转时要快速通过,以免剧烈振动对系统造成大的破坏。

⑥实验完毕后,数据存盘。

5.3.4 实验结果和分析

输出转子转速-幅值曲线,并将转速幅值曲线中共振峰值填入表5.3.1中。

表5.3.1 幅值表

共振峰转速	幅 值

5.3.5 思考与讨论

①简述共振的概念。
②简述轴承座及台体振动状况的共振情况。

实验5.4 滑动轴承油膜涡动和油膜振荡

5.4.1 实验目的

①认识滑动轴承发生油膜涡动、油膜振荡的现象。
②观察转子发生油膜涡动、油膜振荡时振动幅值和相位以及轴心轨迹的变化情况。

③分析转子系统发生油膜涡动、油膜振荡的规律及特点。

④认识系统发生油膜涡动、油膜振荡的危害。

5.4.2　实验原理

(1)油膜涡动

当滑动轴承受到动载荷时,轴颈会随着载荷的变化而移动位置。移动产生惯性力,此时,惯性力也成为载荷,且为动载荷,它取决于轴颈本身的移动。轴颈轴承在外载荷作用下,轴颈中心相对于轴承中心偏移一定的位置而运转。当施加一扰动力,轴颈中心将偏离原平衡位置。若这样的扰动最终能回到原来的位置或在一个新的平衡点保持不变,即此轴承是稳定的;反之,是不稳定的。后者的状态为轴颈中心绕着平衡位置运动,称为"涡动"。涡动可能持续下去,也可能很快地导致轴颈和轴承套的接触。

(2)油膜振荡

高速旋转机械的转子常用流体动压滑动轴承支承,若设计不当,轴承油膜则会使转子产生强烈的振动,这种振动与共振不同,它不是强迫振动,而是由轴承油膜引起的旋转轴自激振动,故称油膜振荡。油膜振荡现象可产生与转轴达到临界转速时同等的振幅或更加激烈。油膜振荡不仅会导致高速旋转机械的故障,有时也是造成轴承或整台机组破坏的原因,应尽可能地避免油膜振荡的产生。

油膜振荡的特点如下:

①发生于转轴一阶临界转速 2 倍以上,其甩动方向与转轴旋转方向一致。

②一旦产生,转子的振动将剧烈增加,轴心轨迹变化范围剧烈增大,也从原来的椭圆形变得不稳定,呈紊乱状态;振荡产生后,转速继续增加,振动并不减少,也不易消除。

③油膜振荡时,轴心涡动频率通常为转子一阶固有频率,振型为一阶振型。

④转速在一阶临界转速的 2 倍以下时,可能产生半速涡动,涡动频率为转速的1/2。半速涡动的振幅较小,若再提高转速则会发展成为油膜振荡,半速涡动通常在高速轻载轴承情况下发生。

⑤转子速度降低时,油膜振荡常常在其开始出现的转速以下仍继续存在,至转速降低到一定程度之后油膜振荡才消失,即升速时产生油膜振荡的转速与降速时油膜振荡消失的转速不相同,这种现象人们称为"惯性效应"。

发生油膜涡动和油膜振荡的典型轴心轨迹如图 5.4.1 和图 5.4.2 所示。

5.4.3　实验操作步骤

①查看实验注意事项,做好实验的准备工作。抽出配重盘橡胶托件,油壶内加入适量的润滑油。

②按实验仪器使用说明书连接测试系统。

电涡流传感器的前置器由 -24 V 直流电源供电。电涡流传感器的感应面与被检测物体的表面距离应为 1 mm 左右,使间隙电压调整到检定证书中的标准值。

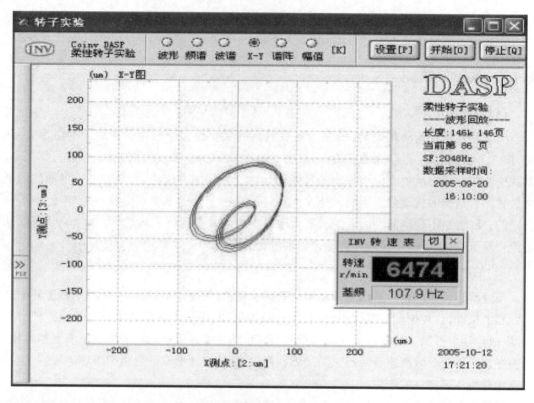

图 5.4.1 油膜涡动的典型轴心轨迹

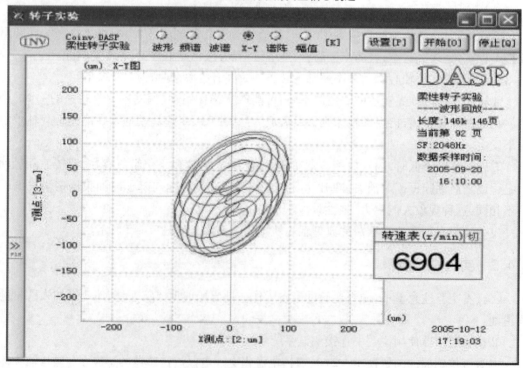

图 5.4.2 油膜振荡的典型轴心轨迹

连接传感器、抗混滤波器、INV306U 数据采集仪及计算机 DASP 测试软件。

③采样参数设置。

进入 INV1612 型机床转子诊断仪实验系统的转子实验模块。选择转子实验按钮,进入转子实验模块界面。

单击程序"设置[P]"按钮,参照图 5.4.3 常规实验缺省的采样和通道参数的设置来分配传感器信号的通道。采集仪的 1 通道接转速(键相)信号,2 通道接水平位移 X 向信号,3 通道接垂直位移 Y 向信号;对 0~10 000 r/min 的转子实验装置,为兼顾时域和频域精度,一般采样频率应设置在 1 024~4 096 Hz 较为合适;程控放大可将信号放大,但注意不要太大,以免信号过载;X-Y 轴心轨迹图设置在转轴同一位置的水平和垂直两个位移测点(实验中,因为转轴较细,为了避免传感器磁头发生磁场交叉耦合引起的误差,所以 X,Y 向传感器不要安装在同一平面内)。

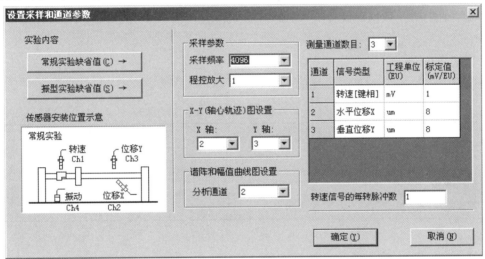

图 5.4.3 采样和通道参数设置

在数字跟踪滤波方式[F]选择 0-1X 低通或 0-2X 低通。如选择 0-2X 低通滤波将观察到更有趣味的油膜振荡现象;在虚拟仪器库栏下打开转速表[F7]和幅值表[F8],转速表和幅值表都可拖到屏幕适当的位置;图谱曲线选择 X-Y(在曲线界面上方,可按热键[K]进行各种测量的快速切换)。

④检查连线连接无误后,开启各仪器电源;单击"开始"按钮,并同时启动转子。

⑤数据采集:

a. X-Y 图。将显示调到 X-Y 图方式,逐渐提高转子转速,同时要注意观察转子转动速度和振幅的变化,接近临界转速时,可发现振幅迅速增大,转子运行噪声也加大,转子通过临界转速后,振幅又迅速变小,由此可大致确定转子系统基频所在转速区间,系统临界转速大约为 3 000 r/min。

继续升高转速,观察轨迹变化,当转速大约升至临界转速的 2 倍时,转子的振动剧烈增加,轴心轨迹也从原来的椭圆形变为双椭圆形,如图 5.4.1 所示。此时的现象表明,转子系统发生油膜涡动,记录发生涡动的转速。

继续提高转速,轴心轨迹变得更加紊乱,并且很不稳定,如图5.4.2所示。此时表明,油膜振荡开始发生,记录转速。

观察基频、半频振幅-转速曲线,逐渐调整转速,基频振幅最大时,即为系统的一阶临界转速。半频出现最值为涡动现象;在临界、涡动转速附近运转时要快速通过,以避免长时间剧烈振动对系统造成大的破坏。

b. 幅值-转速曲线图。改变软件设置,选择幅值,查看在经过临界转速和油膜涡动时基频幅值和半频幅值的变化。在临界转速处,基频振幅出现共振峰,而在油膜涡动和油膜振荡处,半频幅值出现峰值,说明油膜涡动的一个重要特点是出现明显的半频成分。

c. 阶次频谱。将显示方式调到频谱,再将左侧频谱分析中阶次标注位置选上。通过观察1/2X倍频的变化,可判断油膜涡动现象。

⑥实验完毕后,数据存盘。

5.4.4　实验结果和分析

①油膜涡动、振荡-转速关系见表5.4.1。

表5.4.1　油膜涡动、振荡-转速关系/($r \cdot min^{-1}$)

	升速过程		降速过程	
	发生	消失	发生	消失
油膜涡动				
油膜振荡				

②绘制油膜涡动时轴心轨迹图。
③绘制油膜振荡时轴心轨迹图。
④绘制油膜涡动时频谱图,并标注基频、半频及对应幅值。

5.4.5　思考与讨论

①讨论滑动轴承发生油膜涡动、油膜振荡的现象。
②系统发生油膜涡动、油膜振荡的危害有哪些?

实验5.5　转子摩擦实验

5.5.1　实验目的

①模拟转子由于摩擦产生的振动现象。
②观察振动情况及其特性。

5.5.2 实验原理

实验主要模拟电机、汽轮机、压缩机的转子在旋转过程中动、静部分由摩擦产生的振动。实验使用摩擦杆,摩擦杆前端有耐磨塑料,在需要的转速下用摩擦杆轻轻碰转轴,从轴心轨迹上可观察摩擦对转动情况的影响。

5.5.3 实验操作步骤

①查看实验注意事项,做好实验的准备工作。抽出配重盘橡胶托件,油壶内加入适量的润滑油。

②按实验仪器使用说明书连接测试系统。

实验台提供了一个摩擦杆支承架,摩擦杆安装在支承架上,塑料头离转轴要有一定距离。

③采样参数设置。

进入 INV1612 型机床转子诊断仪实验系统,选择转子实验按钮,进入转子实验模块界面。

单击程序"设置[P]"按钮,参照图 5.5.1 常规实验缺省的采样和通道参数的设置来分配传感器信号的通道。采集仪的 1 通道接转速(键相)信号,2 通道接水平位移 X 向信号,3 通道接垂直位移 Y 向信号;对 0 ~ 10 000 r/min 的转子实验装置,为兼顾时域和频域精度,一般采样频率应设置在 1 024 ~ 4 096 Hz 较为合适;程控放大可将信号放大,但注意不要太大,以免信号过载;X-Y 轴心轨迹图设置在转轴同一位置的水平和垂直两个位移测点(实验中,因为转轴较细,为了避免传感器磁头发生磁场交叉耦合引起的误差,所以 X,Y 向传感器不要安装在同一平面内)。

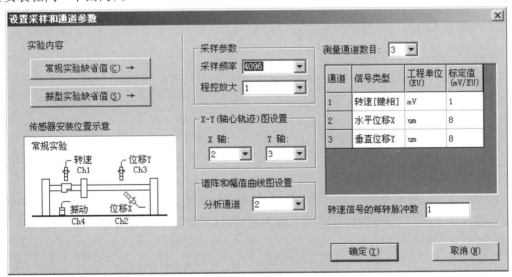

图 5.5.1　采样和通道参数设置

在数字跟踪滤波方式[F]选择不滤波或0-2X低通挡;在虚拟仪器库栏下打开转速表[F7]和幅值表[F8],转速表和幅值表都可拖到屏幕适当的位置;图谱曲线选择轴心X-Y(在曲线界面上方,可按热键[K]进行各种测量的快速切换)。

④检查连线连接无误后,开启各仪器电源;单击"开始"按钮,并同时启动转子。

⑤数据采集。

轴心X-Y曲线:将显示调到X-Y图,单击"开始"按钮开始数据测试并同时启动转子,逐渐提高转子转速,根据转速表读取转速,在需要的转速下(为避免共振的影响,转速不要选在临界转速和油膜涡动转速附近,而可选择振动稳定的转速下,如2 000 r/min),轻轻旋转摩擦杆,使摩擦杆前端塑料头轻轻碰到转轴上(不能太大力,防止塑料头与转轴剧烈摩擦),对比轴心轨迹的变化情况。

⑥实验完毕后,数据存盘。

5.5.4　实验结果和分析

①绘制正常工况(无摩擦)下的轴心轨迹图。

②绘制有摩擦工况下的轴心轨迹图。

5.5.5　思考与讨论

转子由摩擦是怎样产生振动的?

实验5.6　转子动平衡实验

5.6.1　实验目的

①理解引发转子不平衡的机理。

②理解转子进行动平衡的原理。

③学习单面、多面转子动平衡的方法。

④认识系统不平衡引起的危害。

5.6.2　实验原理

影响系数法进行动平衡测量的原理是:当转子系统的转速低于一临界转速时,可将转子简化为刚性转子,即进行刚性转子的动平衡实验;当转子系统的转速高于一临界转速时,则可看成柔性转子。

在INV1612型转子实验台上安装一个圆盘时,其一临界转速为3 000~4 000 r/min。若使其稳定于2 000 r/min时,可视为刚性转子;若使其稳定于5 000 r/min时,可视为柔性转子。

做n个面的现场动平衡,需要$n+1$个通道,第1通道为相位基准通道,其余n个通道用

来测量 n 个平面的振动。

共需进行 $n+1$ 次测量,每次测量必须在同一转速下进行。

第 1 次各面都不加配重,测出各个平面的振动矢量为 V_{10},V_{20},V_{30},$\cdots$,V_{n0}。

第 2 次,在第 1 面加试重 Q_1(矢量),测得各个平面的振动矢量为 V_{11},V_{21},V_{31},$\cdots$,V_{n1}。

第 3 次,卸掉以前所加试重,在第 2 个面加试重 Q_2(矢量),测得各个平面的振动矢量为 V_{12},V_{22},V_{32},$\cdots$,V_{n2}。

$\cdots\cdots$

第 $n+1$ 次,卸掉以前所加试重,在第 n 个面加试重 Q_n(矢量),测得各个平面的振动矢量为 V_{1n},V_{2n},V_{3n},$\cdots$,V_{nn}。

每次所加试重大小 m(单位:g)参照公式确定,即

$$m = \frac{150MG}{\pi nr}$$

式中　r——半径,m;

　　　G——转子系数,风机为 6.5,汽轮机为 1.2,一般取 4;

　　　n——转速,r/min;

　　　M——转子质量,kg。

每个面的修正质量 P_1,P_2,$\cdots$,P_n(矢量),由下面复数方程组求解,即

$$\frac{V_{11}-V_{10}}{Q_1}P_1 + \frac{V_{21}-V_{20}}{Q_2}P_2 + \cdots + \frac{V_{n1}-V_{n0}}{Q_n}P_n = -V_{10}$$

$$\frac{V_{12}-V_{10}}{Q_1}P_1 + \frac{V_{22}-V_{20}}{Q_2}P_2 + \cdots + \frac{V_{n2}-V_{n0}}{Q_n}P_n = -V_{20}$$

$$\vdots$$

$$\frac{V_{1n}-V_{10}}{Q_1}P_1 + \frac{V_{2n}-V_{20}}{Q_2}P_2 + \cdots + \frac{V_{nn}-V_{n0}}{Q_n}P_n = -V_{n0}$$

式中,各量都为矢量。相位角以和转子转动方向相同的为正。

在进行动平衡实验时,建议传感器信号经过抗混滤波器,减少混迭的影响,以增加不平衡量的测试精度。

5.6.3　实验操作步骤

(1)硬件连接

检查转子实验台、安装传感器、连接测试实验仪器,做好实验的准备工作。

传感器数量根据所要做动平衡的面数来决定。

键相信号传感器必须接到 INV306U 数据采集仪的第一通道;测量振动量的传感器安装在测量转子需平衡的面的振动方向。

检查连线连接无误后,首先将转子调速旋钮调至最小,然后开车,逐渐调整转速,使转子低速转动。

（2）操作概述

首先设置动平衡参数，然后进行测量。可通过对话条设定目前的测量状态，以及试重的大小及相位，不平衡振动量的大小可直接设定，也可通过测量获得。测量可采用在线测试和离线分析两种方式。在线测试立即得到测试结果。离线分析先采样，再对采样存盘数据进行分析，好处是可得到原始波形，用于其他原件包的分析。测量完毕，按下对话条的确认键，则完成一种测量状态。

当不加配重以及各面加试重的状态都测量完毕时，即可进行动平衡计算。

动平衡进行完毕后，可测量动平衡以后的振动，进行再次平衡。

再次平衡完毕后，仍可进行测量，检查平衡的效果。

单面动平衡，也可采用单面平衡三次测量法，即单面动平衡时，将同一试重分别加在3个不同的相位角，或者在同一相位角加3次不同的试重，只要测量这3次不平衡量的大小，不需要测量相位信息，即可求出配重的大小和相位。

在动平衡进行过程中，可用配重合成功能，将一个配重分解成两个配重，也可将同一面的两个配重合成为一个。对配重只能加在固定位置的情况，可选择固定位置配重合成，孔数可选，输入配重后，只要输入孔的序号，即可得到每个孔应加的配重。当配重固定时，选择固定配重，输入最小固定配重单位和允许最大配重，即可自动算出应加配重的孔的序号和配重的大小。

平衡结果可通过"输出报告"输出，也可将动平衡过程的界面以位图的形式存盘。

如平衡结果已存在，则可通过打开文件命令调入以前的结果。

（3）INV1612 型软件参数设置

每次进行动平衡实验都应先设置动平衡参数，然后进行测量。单击程序菜单栏参数设置（P）按钮将弹出设置动平衡参数对话框，如图 5.6.1 所示。其中，各参数设置意义如下：

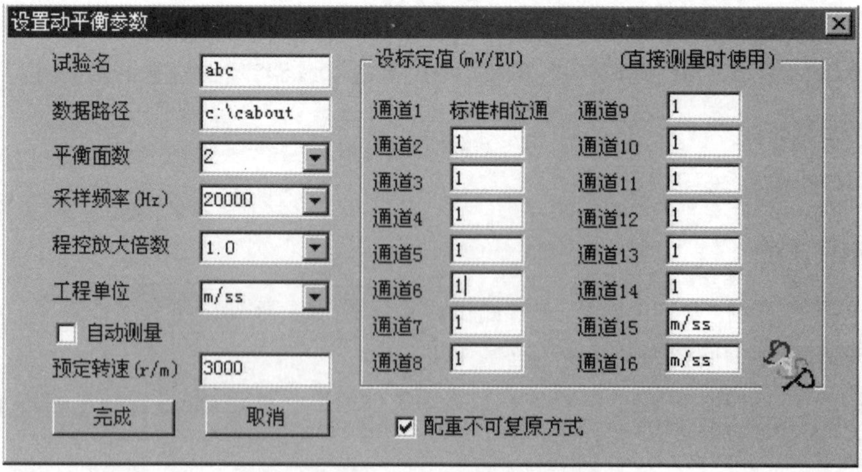

图 5.6.1　设置动平衡参数

1）试验名

标识实验数据,建议每次实验起不同实验名,便于实验存档。

2）数据路径

用来存放采样数据、配重数据、不平衡量及动平衡结果等所有存盘文件的路径。

3）平衡面数

本程序最大允许做 15 个面的动平衡。

4）采样频率

进行不平衡量测量时所用的采样频率。为了提高相位的分析精度,采样频率应为平衡转速对应频率的 40~100 倍,如在 2 000 r/min 进行平衡,采样频率可为 1 000 Hz 或 2 000 Hz。

5）程控倍数

程控倍数的选择对标定值的设置不产生影响。标定值的设置按程控倍数为 1 时设置,改变程控倍数,标定值不用改变。

6）工程单位

除第一通道以外,其他各通道的工程单位要一致。

7）标定值

只要对测量不平衡量用得上的通道输入标定值即可。如两面平衡,只要设置 2,3 通道的标定值即可。

8）自动测量

当选择自动测量,在直接测量时,经过预定转速,程序可从测量状态自动转换到读数状态。预定转速即为要进行动平衡的转速,进行刚性转子动平衡时可设置为 2 000 r/min。

9）配重不可复原方式

在此方式下,所加试重或配重都不可复原,即配重或试重加上后就不可卸除。加试重时,一定要按先后顺序,所计算求得的配重结果也是指在已加试重或配重不卸除情况下的。

（4）在线测量

设置好动平衡参数后,单击程序菜单栏"在线测量（M）"按钮,将进入动平衡在线测量界面。在线测量界面进入示波状态,可观察波形是否正常,如图 5.6.2 所示。

按测量菜单进行测量,再按任意键停止读数。可根据实时显示的转速,在合适的转速下停止读数。如果在参数设置中选择了自动测量,当经过预定的转速时,程序会自动从测量状态转到读数状态。

按[K]键可在时域和频域之间进行切换。拖动鼠标左键可选择图形横向拉开的区间,然后松开鼠标按钮完成图形拉开。按鼠标右键可还原已横向拉开的图形。

在时域状态按[R]键,将在列表框和对话条中列出测量结果。如果满意,在对话条中单击"确定"按钮,即可结束本次状态的测量。时域求转速的原理如下:在第一道以最大值和最小值的平均值画一条水平直线,根据直线和波形的交点,可以算出平均周期直线。测量状态时,显示的转速也是如此求得。如果交点少于 3 点,需要降低采样频率,可在参数设置中将采样频率降低。

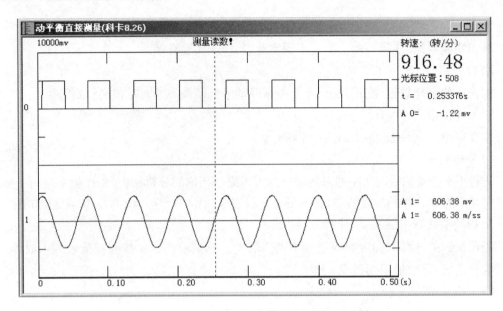

图 5.6.2 动平衡在线测量界面

在频域状态按"R"键,将以光标所在位置附近的第一通道主峰(经过校正)为工频,在列表框和对话条中列出测量结果。如果满意,在对话条中单击"确认"按钮,即可结束本次状态的测量。在有些情况下最高的主峰对应的不是工频,这可从测量得的转速来判别,这时可移动光标到其他主峰附近,按"R"键重新测量。

①不加配重振动量测量。在右侧测试状态工具条中,选择测量状态测试不加试重。

选择工具条中,向右箭头开始进入数据采集状态,调整调速器,使转子升到指定转速。到达转子预平衡转速,转子测试系统会自动进行采样并停止;完成不加配重不平衡量测试。

按快捷键"R"或单击工具条上的 ■ 按钮,即进行振动量的计算,计算结果将在一个弹出的窗口中显示,同时右部对话条中的相应数据也将随之改变。

若认为当前计算的结果正确,则需要进行确认,即单击右部测量状态旁的"确定"按钮来确认测量计算结果。

②加试重测试。将调速器打到暂停状态,并在转盘任意位置加一配重螺钉,在此位置作好标记。

改变测量状态:测量 1 面加试重;填入所加试重大小及相位信息,如图 5.6.3 所示。

打开调速器,调节转速并同时单击工具条中的 ▶ 按钮,进入软件测量状态。调节转速到平衡转速,当达到预定转速,测试系统会自动进行采样并停止。

按快捷键"R"或单击工具条上的 ■ 按钮,即进行振动量的计算,计算结果将在一个弹出的窗口中显示,同时右部对话条中的相应数据也将随之改变。

若认为当前计算的结果正确,则需要进行确认,即单击右部测量状态旁的"确定"按钮来确认测量计算结果。

③如果在参数设置中,选择配重不可复原方式,可直接进入下一步,否则应将试重块取下。

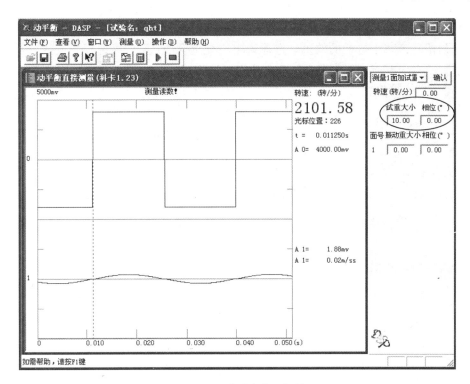

图 5.6.3　试重大小及相位

如果是多面平衡,依次在需平衡面上加试重测试,重复步骤②、步骤③。

(5) 平衡计算

关闭"动平衡直接测量"子窗口,选择菜单栏中的"平衡计算",软件将自动进行平衡量的计算,并在 DASP 动平衡窗口中显示平衡结果,如图 5.6.4 所示。

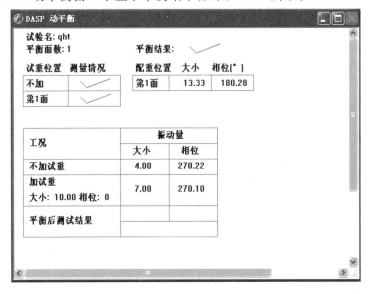

图 5.6.4　平衡计算

得到平衡结果后,还要对配重进行合成计算,通过对配重的合成或分解,可达到使用现有配重和预留孔来减小振动的效果。选择菜单栏配重合成(W),可选择合成或分解或固定位置来计算,如图5.6.5—图5.6.7所示。

配重的合成或分解用来进行配重矢量合成和分解的辅助计算。

通过单选框可选择合成和分解,中间圆形图形只反映配重矢量的相位,右边图形为矢量合成图。

选择"+"号可进行配重合成,选择"-"可进行配重分解。4个数字任何一个改变后,其结果将立即改变。

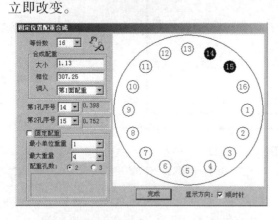

图5.6.5　配重合成或分解计算框

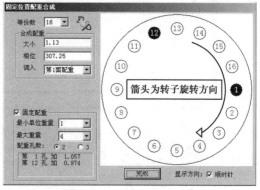

图5.6.6　固定位置配重的合成示意图　　　图5.6.7　固定配重的合成

如固定位置配重合成时,转盘上已打好孔,配重只能加在固定的位置,需要通过选择合成孔数得到需要的配重。如图5.6.6所示,首先选择等分数即孔的数量,所有的孔沿同半径一周均匀分布。输入需要合成的配重大小和相位。当有动平衡计算结果时,可通过调入直接设置配重的大小和相位。再输入两个孔的序号,即可算出在两个孔上需加配重的大小。

按前面所设,转盘示意图第一个孔的位置为第一次加配重时,配重所在的位置。示意图中,孔的读数方向可顺时针也可反时针方向显示,但必须要与实际的转盘旋转方向相一致。涂黑的孔表示需要加配重的孔。

如果没有天平,现有可选配重的质量固定时,可选择固定配重的方式进行配重的分解。如图5.6.7所示,首先输入最小单位质量和最大质量(也可以是质量比值,取决于前面添加试重时选取的输入方式),所能加的配重只能是最小单位质量的整数倍,所加配重不能超过最大质量。再选择配重的孔数,可得到应加配重的孔的最佳位置和大小,此时的配重和单位配重的误差之和最小。当选择2孔得不到结果时,可选择3孔。如选3孔仍得不到结果,可能是最大质量较小,无法得到满意结果。

配重合成或分解计算后,在转盘的相应位置添加所需配重。

(6)再次平衡

测量平衡后结果的振动,可得到修正配重。再次平衡可进行多次,直到得到满意的结果为止。平衡后的结果如图 5.6.8 所示。

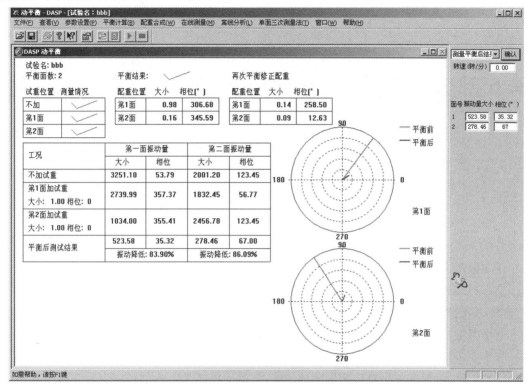

图 5.6.8 双面平衡结果示意图

5.6.4 实验结果和分析

动平衡实验数据:INV1612 型多功能柔性可自动生成测试报告,输出相关参数设置和实验数据,也可以位图格式输出实验有关图形。

输出平衡前后测试结果。

5.6.5 思考与讨论

①系统不平衡引起的危害有哪些?
②引发转子不平衡的机理是什么?

第6部分　过程装备与控制工程专业创新实验

实验6.1　激光雕刻机模型制作实验

6.1.1　实验目的

①了解激光雕刻机的工作原理。

②掌握激光雕刻机的简易操作。

③了解激光雕刻机的注意事项。

④学习激光雕刻机的正确操作方法,完成所涉及产品的雕刻与加工工序。

⑤本实验过程强调从产品设计、改进到加工制造全部过程的参与,强调对产品生产全过程的了解,全面地培养学生解决实际问题的能力,进而提高学生的创新能力和工程实践动手能力。

6.1.2　实验原理

(1)激光雕刻机结构

激光雕刻机包括激光器及其输出光路上的气体喷头。气体喷头的一端为窗口,另一端为与激光器光路同轴的喷口,气体喷头的侧面连接有气管,特别是气管与空气或氧气源相连接,空气或氧气源的压力为0.1~0.3 MPa,喷口的内壁为圆柱状,其直径为1.2~3 mm,长度为1~8 mm;氧气源中的氧气占其总体积的60%,激光器和气体喷头间的光路上置有反射镜。它能提高雕刻的效率,使被雕刻处的表面光滑、圆润,迅速地降低被雕刻的非金属材料的温度,减少被雕刻物的形变和内应力,可广泛用于对各种非金属材料进行精细雕刻的领域。

(2)激光雕刻机的工作原理及特点

激光雕刻机的原理是由原子(分子或离子)跃迁而产生的,并且是自发辐射引起的。点阵雕刻酷似高清晰度的点阵打印。激光头左右摆动,每次雕刻出一条由一系列点组成的一条线,然后激光头同时上下移动雕刻出多条线,最后构成整版的图像或文字。扫描的图形、文字和矢量化图文都可使用点阵雕刻。

矢量切割与点阵雕刻不同,矢量切割是在图文的外轮廓线上进行的。通常使用此模式在木材、亚克力、纸张等材料上进行穿透切割,也可在多种材料表面进行打标操作。

雕刻速度是指激光头移动的速度,通常用 IPS(英寸/秒)表示。高速度带来高的生产效率。速度也用于控制切割的深度。对特定的激光强度,速度越慢,切割或雕刻的深度则越大。可利用雕刻机面板调节速度,也可利用计算机的打印驱动程序来调节,在 1% ~ 100%,调整幅度是 1% 。采用先进的运动控制系统可在高速雕刻时,仍然得到超精细的雕刻质量。

雕刻强度是指射到于材料表面激光的强度。对特定的雕刻速度,强度越大,切割或雕刻的深度则越大。可利用雕刻机面板调节强度,强度越大,相当于速度也越大,切割的深度也越深。

激光束光斑大小可利用不同焦距的透镜进行调节。小光斑的透镜用于高分辨率的雕刻;大光斑的透镜用于较低分辨率的雕刻,但对矢量切割,它是最佳的选择。新设备的标准配置是 2.0 in(1 in = 25.4 mm)的透镜。其光斑大小处于中间,适用于各种场合。

6.1.3　实验仪器

①VLS2.30 激光雕刻机如图 6.1.1 所示。

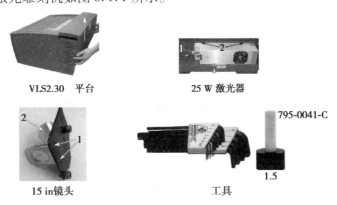

VLS2.30　平台　　　　　　**25 W 激光器**

795-0041-C

1.5

15 in镜头　　　　　　　　　**工具**

图 6.1.1　实验仪器图

②其他仪器。计算机及附属设备等。

6.1.4　实验步骤

VLS2.30 激光雕刻机操作如下:

①在使用激光雕刻机设备前,先连接好电源,并打开计算机。先安装 CorelDRAW 软件,再安装 UCP 操作软件。

②打开 CorelDRAW 软件,将需要激光雕刻的文件导入,并根据需要编辑、修改等做好打印前的图形处理准备工作(见图 6.1.2)。

③点击打印,选择弹出的文件框。点击属性,进入 ULS 激光打印控制界面。完成设置后,单击"选定内容"按钮,然后单击"打印"按钮。如图 6.1.3 所示,选择合适的材料,并单

击"应用"和"确定"按钮。

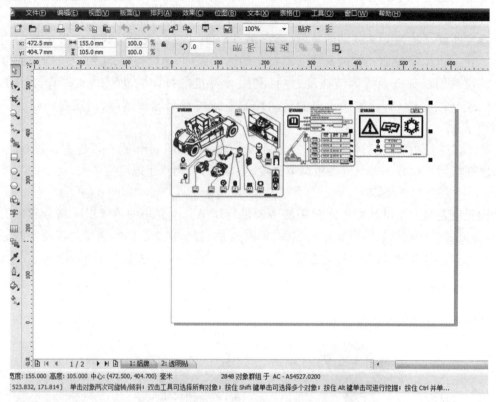

图 6.1.2　激光雕刻机打印前准备界面

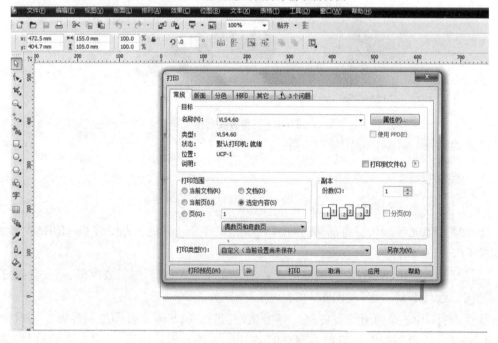

图 6.1.3　激光雕刻打印界面提示

④根据需要打印的材料,选择相应的材料数据,并可手动调整相应打印参数(视实际打印情况而定)。

图 6.1.4 和图 6.1.5 是氧化铝雕刻的相关参数,以供参考。

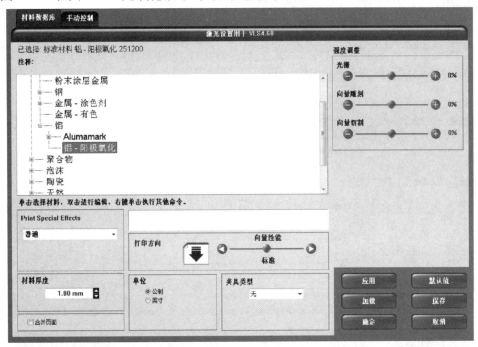

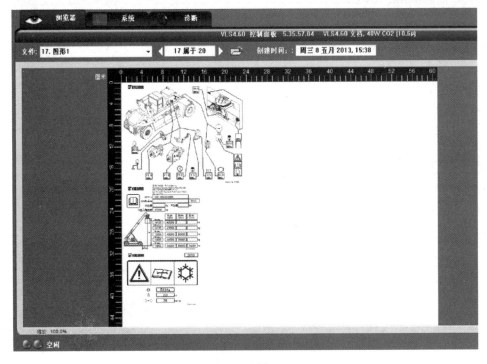

图 6.1.4　氧化铝雕刻的相关参数

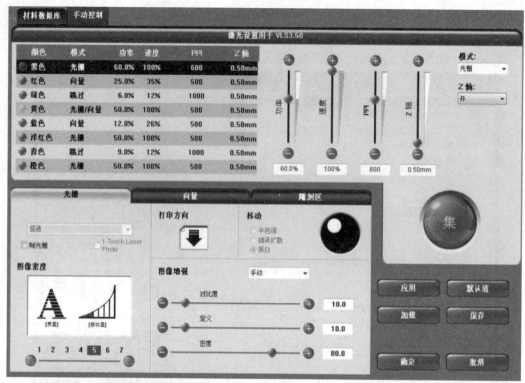

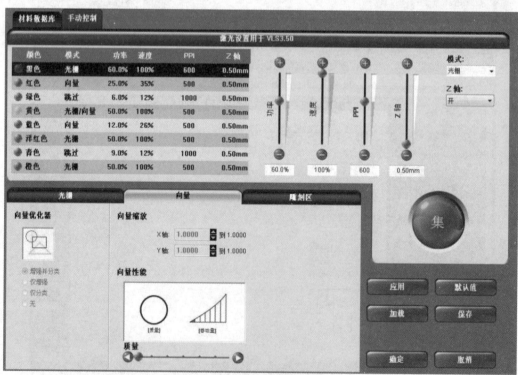

图 6.1.5　氧化铝雕刻的相关参数

⑤打开雕刻机 UCP 软件,按◎按钮,雕刻机开始启动工作。将要雕刻的材料放置到合适的位置,开始调整焦距。

a.按"定焦视图"按钮🔽,指定激光头到切割台的任意位置,激光头将自动移动到该位置(即点击定焦视图🔽→点击移动视图✛→点击到指示器),如图 6.1.6 所示。

图 6.1.6　雕刻机操作界面

b.将要雕刻的工件放置到工作台面上,放置对焦工具。按 Z 轴上下移动键,调整工作台的高度,以达到合适的焦距,如图 6.1.7 所示。

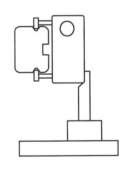

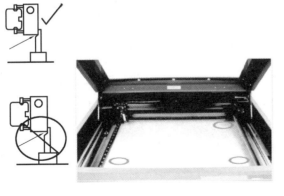

图 6.1.7　雕刻机打印工作界面

⑥上述准备工作做好后,准备激光雕刻。注意以下两点:

a. 关闭安全防护玻璃罩。

b. 打开除尘风机。

⑦单击造作面板上的绿色"启动"按钮(见图6.1.8),或者 ULS 软件面板上的启动按钮,开始雕刻。

⑧工作完成后,单击停止雕刻按钮(见图6.1.9),雕刻机将自动关闭,然后关闭除尘等其他辅助设备电源。

图 6.1.8　激光雕刻机启动按钮

图 6.1.9　激光雕刻机停止按钮

6.1.5　实验设备的养护及安全注意事项

(1)主要部件保养注意事项

①CO_2 激光器使用寿命 3~5 年后,激光功率会急剧衰减,需充气保养,激光器可反复使用。激光器充气维修需专业人员操作完成。

②皮带使用寿命 1 年左右,有磨损会影响精度,根据需要更换。

③激光镜头需注意保养清洁,用专业清洁镜头液体清洁,并用棉签旋转擦拭干净。

④设备搬动需在断电后进行,卸下激光器及镜头,分开搬运。

⑤设备保养主要是设备和镜头的清洁。

(2)设备安全注意事项

①激光设备在工作过程中,温度超过 45 ℃ 会自动报警,激光会自动停止工作。请立即停止设备工作,并检查设备。

②在激光工作过程中,避免一直直视激光。

③设备工作平台最大承重 9 kg。

④激光设备远离易燃易爆物品。

⑤未经过操作培训的人员,不得使用激光设备。

注意:

激光设备工作期间,需有工作人员值守!

6.1.6 思考与讨论

①激光雕刻机的原理及其作用?

②激光雕刻机的应用范围有什么?

③激光雕刻机与机械雕刻机的区别是什么?

④激光加工具有什么优点?

实验 6.2 大型离心分离实验

6.2.1 实验目的

①学习和掌握 HR400-N 双级活塞推料离心机的基本原理。

②熟悉分离物料性质与特性。

③掌握离心分离流程。

6.2.2 实验原理

卧式双级活塞推料离心机具有自动连续操作、连续排渣、生产能力高、功率消耗低且均匀、无峰值负荷、干燥快、对晶粒破碎小等优点。与物料接触的零部件均用不锈钢或其他特殊材料制造,其耐腐蚀性好,运转平稳,振动小。卧式双级活塞推料离心机广泛应用于碳酸氢铵、氯化钠、明胶、棉种、烟气脱硫及污水处理等多种物料的分离,涉及化工、制盐、食品、制药、轻工及环保等领域。

(1)工作原理及操作过程

卧式双级活塞推料离心机是一种连续操作的过滤式离心机,如图 6.2.1 所示。其工作原理是:在转鼓启动达到全速后,将所需分离的悬浮液通过进料管连续地送到布料盘处,并在离心力场的作用下,使悬浮液沿圆周均匀地分布到安装在一级转鼓内的筛网上,大部分液体经筛网缝隙和一级转鼓壁孔甩出转鼓,而固相则被截留在筛网上形成环状滤饼渣层。一级转鼓旋转并沿轴向往复运动,通过一级转鼓的回程,将渣层沿转鼓轴向向前推移一段距离,当一级转鼓进程时,空出的筛网面又被连续加入的悬浮液充满,形成新的滤饼渣层。随着一级转鼓不断地往复运动,滤渣层依次向前推移,这样连续往复运动,把滤饼脉冲向前推前进过程中滤饼进一步干燥,滤饼脱离一级转鼓进入二级转鼓中,滤饼被松散在二级转鼓筛网上重新分布,并被不断推出。在此过程中,还可对滤饼进行洗涤,当滤饼被推出二级转鼓进入集料槽时,滤饼靠其重力排出机外。

若滤渣需在机器内进行洗涤,洗涤液通过洗涤管或其他冲洗设备连续地分布在滤渣层上,分离出的滤液连同洗涤液收集在机壳内由排液口排出。如果有必要时,滤液和洗涤液可分别排出。

转鼓的转动由电机通过三角皮带驱动。一级转鼓的往复运动由液压系统通过复合油缸来实现。

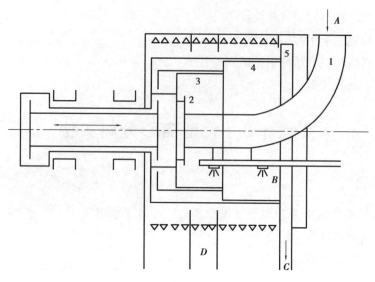

图 6.2.1 卧式双级活塞推料离心机的工作原理

1—进料管;2—布料盘;3—内转鼓;4—外转鼓;5—集料槽;

A—物料进口;*B*—清洗管;*C*—排出固体;*D*—排出液体

(2)结构特点

双级活塞推料离心机主要由机座、供油站、复合油缸、转鼓、机壳及电气控制箱等部件组成,如图 6.2.2 所示。

(3)机座

离心机的机座采用分体式结构。它由轴承座与机座通过过盈配合联接组合而成。机座底部空间则作为机器的储油箱,并设置油冷却器(一种单级活塞推料离心机冷却装置)来保证油温稳定;同时,用来支承油路系统、轴承座、回转体及油缸部件等,其上设有驱动电机。

轴承组合包括轴承座、轴承、推杆、滚动轴承及滑动轴承。主轴在两个重型滚动轴承内转动,并由液压系统提供压力油进行强制润滑,轴承两侧采用迷宫密封,避免润滑油外泄造成污染。推杆在两个滑动轴承内往复运动,滑动轴承由液压系统的压力油润滑,转鼓由串联的两个防漏密封进行密封(一种离心机前迷宫式密封结构),以保证产品和润滑油不发生交叉污染。

油箱和轴承座设计上充分考虑了进出油和排气通道,与供油站油泵的大流量匹配,优化设计的通道能使液压油循环彻底、内部气压平衡,向推料机构提供长期稳定可靠的压力油,保证离心机能连续稳定运行。

(4)供油站

供油站主要由油泵、溢流阀、油泵电机、联轴器、压力管路、油冷却器,以及压力表、温度

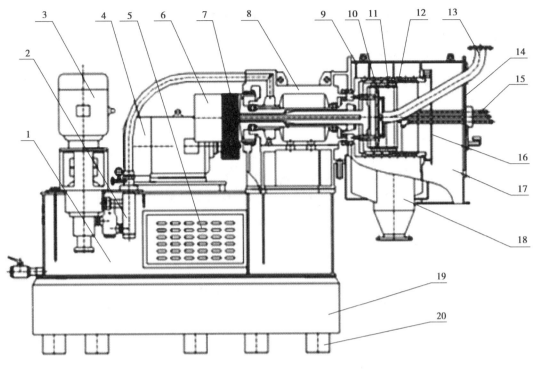

图 6.2.2　离心机结构

1—机座；2—油路系统；3—油泵电机；4—主电动机；5—冷却器；6—复合油缸；7—传动皮带；
8—机座；9—机壳；10—堆料；11—筛网；12—双级转鼓；13—进料管；14—机盖；15—洗涤管；
16—集料槽；17—固相出口；18—气液分离器；19—混凝土基础；20—隔振器

计、液位计等液压附件组成。

离心机采用柱塞泵，通过齿轮传动机构调整油泵斜盘斜度改变排油量，从而能方便地调整推料机构的推料次数。溢流阀决定系统的工作压力，在推料负荷超过设计安全值后泄压，以保证油路系统的安全。油冷却器采用盘管式结构，安装在液压油循环通道中，从复合油缸排出的液压油经冷却器冷却后再被油泵抽入油路系统，以保证油温维持在设计范围内。压力表、温度计显示系统压力和油温，用于操作者监控系统状态。供油站使大流量、高压力的油路系统得以实现。

（5）复合油缸

离心机复合油缸由带轮、油缸、前后活塞体、换向阀杆及滑阀等组成（一种离心机推料机构）。由前后活塞体、换向阀杆和滑阀等组成的换向机构，改变供油站提供的高压液压进入油缸内的前后位置，交替向活塞两侧提供高压油，从而实现活塞的往复运动。它们随三角带轮的运动而带着一起运动，推杆的一端与活塞盘联接，另一端与一级转鼓相联，从而实现一级转鼓的往复与旋转运动。

（6）转鼓

转鼓部件包括大小两级转鼓、推料盘、推料环、压环、推料块筛网及迷宫密封等。两级转鼓均为分体式,由转鼓筒体和转鼓底联接而成。转鼓内安装过滤介质筛网(活塞推料离心机筛网、活塞离心机筛网),筛网为板式结构,由带狭槽的筛片组成,狭槽与机器轴线相平行,呈楔状,外缘较宽,使滤液能顺利通过狭槽。这种结构保证穿过筛网的细小颗粒不会堵塞过滤通道,从而保证分离效果。二级转鼓端部设有刮刀(一种活塞离心机刮刀结构),以便处理后的物料能尽快地从集料槽中卸出。

(7)机壳

机壳为焊接结构,其上设有集料槽、气液分离器、门盖、进料管(活塞离心机进料管装置)、洗涤装置等部件,转鼓在机壳内运转,保证操作的安全性,并收集分离后的滤液从气液分离器排液口排出,气液分离器的排气口能降低母液排放的气阻,保证滤液排出通畅。其抛光处理的内外表面大大降低了物料在出料仓(活塞离心机出料机构)黏结的可能性,减轻了清洗设备的工作量。

(8)电气控制箱

电气控制箱为该机配套电气设备。电路上有短路保护、过载保护、主电机与油泵电机联锁控制,同时设有电源监视,以及油泵电机、主电机的运转电流、电压显示等。

设有变频器,通过调整主电机工作频率来改变主机工作转速。

(9)储料装置

储料装置包括储料罐和搅拌装置组成。储料装置的功能是保证离心实验物料的存储和进料浓度的相对稳定,是离心机正常运行的前提保障。储料装置与物料接触部分材质为316 L,储料罐的有效容积为1.13 m³。

(10)实验设备主要技术参数及配置

实验设备主要技术参数及配置见表6.2.1。

表6.2.1 实验设备主要技术参数及配置

设备名称		离心实验装置
规格型号		HRF-N
主要技术参数		
1	过滤区长度	155/145 mm
2	转鼓转速	1 200～2 200 r/min
3	分离因数	322～895
4	推料次数	40～70(可调)次/min
5	推料行程	40 mm
6	主电机 型号/功率	Y160M-4B3/11 kW
	工作电源/频率	三相交流 380 V/频率 50 Hz
7	油路系统 油泵电机 型号/功率	Y112M-4B5/4 kW
	工作电源/频率	三相交流 380 V/频率 50 Hz

主要技术参数			
8	油路系统 油泵	型号	63SCY14-1B
		流量	0 ~ 63 L/min
		压力	≤2 MPa
9	搅拌装置系统 减速机	型号/功率	RF77-Y2.2-4P-43.26/2.2 kW
		工作电源/频率	三相交流 380 V/频率 50 Hz
10	离心机外形尺寸		2 534 mm × 1 286 mm × 1 030 mm
11	离心机净重		~ 2 055 kg
12	离心机用液压油牌号		L-HM46
13	液压油用量		300 kg
14	储料装置容积		1.13 m³
15	储料装置净重		~ 300 kg
16	储料装置外形(外圆×高)		ϕ1 320 × 3 340 mm

6.2.3　实验内容及步骤

(1)实验内容

1)HR400-N 双级活塞推料离心机

①学习不同类型离心机特点及适用范围。

②学习双级活塞推料离心机分离原理。

③离心分离物料(工业盐)的特性。

2)实验操作步骤

正式开车工作之前,应仔细阅读离心机安装使用手册(说明书),并严格按照离心机安装使用手册(说明书)的要求进行操作、检查和空车试验。在正常的情况下,才能进行以下操作:

①首先启动油泵电机,运转 3 ~ 5 min;同时,打开液压油冷却水阀门;油温应为 15 ~ 60 ℃。

②然后启动主电机,达到最高速度且运转平稳。注意:一定要在先启动油泵的情况下,才能启动主电机。

③进料:进料泵输送均匀加入湿料。

A.打开进料泵,调整输送量的大小,直到离心机能正常出料为止。

B.注意事项如下:

a.如果不能达到进料的量和浓度要求,则不能形成正常滤饼层,而不能正常工作,甚至会产生振动并影响离心机的正常工作。

b.如果进料量太大,会造成部分来不及脱水的悬浮液冲走滤渣,发生溢流现象,也会造成机器振动,不能正常工作。

④停机:

a. 停止进料。

b. 清洗:首先打开清洗转鼓内部的清洗管,将转鼓内部的物料清洗干净,然后打开全部清洗管对转鼓、机壳内外及进料管进行清洗,一般为 5～10 min。

c. 停止主电机。

d. 待转鼓停止转动后,停止油泵电机。

⑤清洗:机器每隔 4～6 h 应清洗转鼓和机壳,至少一次。

注意:及时对离心机内部进行清洗非常重要。这样可保证筛网不容易被堵塞而使产品含湿量正常,可保证转鼓和轴承的正常运转而增加其寿命,可保证其内部迷宫密封不容易堵塞而使油不容易污染。

清洗可分以下情况:

A. 正常状态下的清洗(离心机在正常运转时)。

a. 停止进料。

b. 清洗:首先打开清洗转鼓内部的清洗管将转鼓内部的物料清洗干净,然后打开全部清洗管对转鼓、机壳内外及进料管进行清洗,一般为 5～10 min。

c. 清洗完成后,可按进料程序进料;如果需停机,应按停机程序操作。

B. 当转鼓停止转动情况下的清洗(当进料管道堵塞或物料在转鼓内结板而造成推料停止的非正常情况下的清洗)。

a. 停止主电机。

b. 停止油泵电机(在主电机停止且转鼓停止转动后)。

c. 停机后,待转鼓停止转动后用木铲铲除转鼓内积留的滤渣(可用软水管冲洗干净)。

d. 启动油泵电机。

e. 再启动主电机[应使离心机(转鼓)正常运转情况下]。

f. 打开各冲洗阀清洗干净。

g. 停止主电机。

h. 停止油泵电机。

⑥注意事项:

a. 经常观察电机运转情况,以及电流、油压和温度。主电机运转电流≤35 A,油泵电机运转,电流、油压和温度;油泵电机运转电流≤13 A,液压系统油压≤8 MPa,油温 15～60 ℃。

b. 如在工作过程中出现滤渣堵塞现象,可在停止进料的情况下停止主电机片刻,再开主电机,应能正常运转,否则应停机检查原因。

c. 应随时观察主机运转情况,如出现振动现象,应随时关、停进料阀,并调整进料量大小,以保证进料浓度和流量。如未能解决振动现象,应立即停机进行检查。

⑦推料次数的调整:

a. 在开启油泵电机的情况下,可对油泵油量进行调整。旋转(油泵)调速阀调整手柄,可减少或增加推料次数。推料次数的测定可用秒表计时(内转鼓往前推为 1 次)。

b.对物料颗粒较细、浓度稍低的情况下,可适当减少推料次数,使滤渣在转鼓内停留时间增加,可降低滤渣的含水量。

c.对颗粒较粗的物料,在保证其产品含湿量的情况下可适当提高推料次数,可增加产量和效率。

(2)实验数据及处理

观察并对比离心分离前后的物料,评价处理效果。

(3)思考与讨论

①为什么用工业盐作为处理物料?

②转速对离心分离效果的影响有哪些?

③大型离心分离机需要考虑转子的动平衡吗?

④离心分离技术可应用在哪些行业中?举例说明(2~3 个例子)。

实验 6.3 搅拌桨叶及叶轮设计仿真与 3D 打印制作

6.3.1 实验目的

①学习和掌握搅拌桨叶及叶轮设计的基本原理。

②熟悉流体力学仿真模拟分析软件 Fluent 及 CFD 原理。

③掌握 3D 建模技术及软件。

④掌握用 3D 打印机制作叶轮及桨叶。

6.3.2 实验原理

(1)计算流体力学原理

计算流体动力学(Computational Fluid Dynamics,CFD)是以流体动力学和数值计算方法为基础,利用计算机建立一定空间内的流体湍流模型,在计算机上开展数值计算和图像显示等工作,模拟计算分析一定边界条件下的空间内流动流体的温度、压力、速度等各种物理现象,进而模拟出流场在连续区域内的离散分布情况。

CFD 解决某一个实际的问题,一般将其分为 3 个步骤:前处理、求解和后处理。首先建立研究问题的物理模型,确定要分析的几何体的空间影响区域,其次建立整个几何形体和其影响区域的计算区域模型,并对模型进行网格划分。接着对其进行求解,加入求解所需的边界条件和初始条件,选择合适的算法,设定具体的控制求解过程和精度的一些条件。最后利用后处理器对计算结果进行读取分析并显示出来。

CFD 求解的数值计算方法主要有有限元法(FEM)、有限体积法(FVM)和有限差分法(FDM)。应用这些方法可将计算区域离散化,即把整个连续的空间离散成一组又一组连续的小空间,简单来说就是把控制方程离散化。流体运动遵循物理学中的三大基本守恒定律即质量守恒定律、动量守恒定律和能量守恒定律。三大定律对流体流动的描述构成了基本控制方程:质量守恒方程(连续性方程)、动量守恒方程(运动方程,也称 Navier-Stokes 或 *N-S* 方程)和能量守恒方程。

质量守恒方程又称连续性方程,即

$$\frac{\partial \rho}{\partial t} + \frac{\partial}{\partial x_i}(\rho u_i) = S_m \tag{6.3.1}$$

式中　ρ——密度;

　　　t——时间;

　　　u_i——速度张力;

　　　x_i——坐标张量。

该方程是质量守恒方程的一般形式。它适用于可压缩流动和不可压缩流动。源项 S_m 是从分散的二级相中加入连续相的质量,源项也可以是任意自定义源项。

二维对称问题的连续性方程为

$$\frac{\partial \rho}{\partial t} + \frac{\partial}{\partial x}(\rho u) + \frac{\partial}{\partial x}(\rho v)\frac{\rho v}{r} = S_m \tag{6.3.2}$$

动量守恒方程为

$$\frac{\partial}{\partial t}(\rho u_i) + \frac{\partial}{\partial x_j}(\rho u_i u_j) = -\frac{\partial p}{\partial x_i} + \frac{\partial \tau_{ij}}{\partial x_j} + \rho g_i + F_i \tag{6.3.3}$$

式中　p——静压;

　　　τ_{ij}——应力张量;

　　　$\rho g_i, F_i$——i 方向上的重力体积力和外部体积力,F_i 包含了其他模型相关源项,如多孔介质和自定义源项。

应力张量 τ_{ij} 为

$$\tau_{ij} = \left[\mu\left(\frac{\partial u_i}{\partial x_j} + \frac{\partial u_j}{\partial x_i}\right)\right] - \frac{2}{3}\mu\frac{\partial u_l}{\partial x_l}\delta_{ij} \tag{6.3.4}$$

式中　μ——流体黏性系数;

　　　δ_{ij}——克罗内克 δ 符号。

能量方程形式为

$$\frac{\partial}{\partial t}(\rho E) + \frac{\partial}{\partial x_i}[u_i(\rho E + p)] = \frac{\partial}{\partial x_i}\left[k_{eff}\frac{\partial T}{\partial x_i} - \sum_j h_j J_j + u_j(\tau_{ij})_{eff}\right] + S_h \tag{6.3.5}$$

式中　$E = h - \dfrac{p}{\rho} + \dfrac{u_i^2}{2}$;

　　　T——温度;

　　　k_{eff}——有效热传导系数;

　　　J_j——组分 j 的扩散流量;

　　　S_h——包含了化学反应热以及其他用户定义的体积热源项。

方程右边的前 3 项分别描述了热传导、组分扩散和黏性耗散带来的能量输运。

在实际计算中,还要考虑不同的流态,如层流与湍流。

对理想气体,焓定义为

$$h = \sum_j m_j h_j \qquad (6.3.6)$$

对不可压缩气体,焓定义为

$$h = \sum_j h = \sum_j m_j h_j + \frac{p}{\rho} \qquad (6.3.7)$$

式中　m_j——j 的质量分数;

　　　h_j——j 的焓。

(2)湍流模型

湍流在大自然中普遍存在,是流体流动中的一种旋流形态。从物理的角度来讲,湍流要用数学的方法来阐述十分困难,因为它是由无数个旋转轴、尺寸大小均不相同的漩涡叠合而成的。同时,由于湍流模型十分复杂,也极具随机性,因此,内部的流动状态很难完全预测,现在也没有给定特定的物理定律来建立湍流封闭模型,但在很多研究的基础上,学者们总结出了很多经验湍流模型。FLUENT 软件共提供了 7 种黏性模型:无黏模型、层流模型、一方程(Spalart-Allmaras)模型、两方程(k-ε、k-ω)模型、雷诺应力模型及大涡模拟。现在使用较多的是标准 k-ε 模型。

标准 k-ε 模型的湍动能 k 和耗散率 ε 方程为

$$\rho \frac{Dk}{Dt} = \frac{\partial}{\partial_{x_i}}\Big[\Big(\mu + \frac{\mu_t}{\sigma_k}\Big)\frac{\partial k}{\partial_{x_i}}\Big] + G_k + G_b - \rho\varepsilon - Y_m \qquad (6.3.8)$$

$$\rho \frac{D\varepsilon}{Dt} = \frac{\partial}{\partial_{x_i}}\Big[\Big(\mu + \frac{\mu_t}{\sigma_{x_i}}\Big)\frac{\partial_\varepsilon}{\partial_{x_i}}\Big] + C_{1\varepsilon}\frac{\varepsilon}{k}(G_k + C_{3\varepsilon}G_b) - C_{2\varepsilon}\rho\frac{\varepsilon^2}{k} \qquad (6.3.9)$$

式中　k——湍动能量;

　　　ε——耗散率;

　　　G_k——由平均速度梯度引起的湍动能;

　　　G_b——由浮力影响引起的湍动能;

　　　Y_m——可压速湍流脉动膨胀对总耗散率的影响;

　　　σ_k,$C_{1\varepsilon}$,$C_{2\varepsilon}$,$C_{3\varepsilon}$——常系数;

　　　μ_t——湍流黏性系数,且

$$\mu_t = \rho C_\mu \frac{k^2}{\varepsilon} \qquad (6.3.10)$$

(3)多相流计算模型

目前对多相流动的数值计算主要有两种方法:一种是欧拉-欧拉(Euler-Euler)方法;另一种是欧拉-拉格朗日(Euler-Lagrange)方法。

1)欧拉-欧拉(Euler-Euler)方法

欧拉-欧拉方法是用连续贯穿的介质代替不同的相。由于一种相所占的体积不能被其他相占有,因此,引入相体积率(phasic volume fraction)的概念。体积率是时间和空间的连续函数,各相的体积率之和等于 1。在 FLUENT 中,共有 3 种欧拉-欧拉多相流模型,即流体体积模型(Volume of Fluid,VOF)、混合物模型(Mixture)和欧拉模型(Eulerian)。

①流体体积模型

流体体积模型是在固定的欧拉网格下的一种表面跟踪方法。在想要得到一种或多种互不相融流体间的交界面的情况时,可采用这种模型。

②混合物模型

混合物模型用于两相流或多相流(流体或颗粒)。在欧拉模型中,将各相处理为相互贯通的连续体,混合物模型的离散相是用相对速度来描述,并且求解的是混合物的动量方程。

③欧拉模型

欧拉模型是 FLUENT 中最复杂的多相流模型。在此模型中,动量方程和连续方程被用来求解每一相,故理论上它可求解气液固三相任意两相组合的多相分离流及两相间的相互作用。

2)欧拉-拉格朗日(Euler-Lagrange)方法

在 FLUENT 中,处理多相流动的拉格朗日离散相模型遵循欧拉-拉格朗日方法。将流体相处理为连续相,直接求解时均 N-S 方程,但是离散相则是通过计算流场中大量的粒子、气泡或液滴的运动得到的。离散相和流体相之间可以有动量、质量和能量的交换。

该模型的一个基本假设是:作为离散的第二相的体积比率很低,即便如此,较大的质量加载率仍能满足。粒子或液滴运行轨迹的计算是独立的,把它们安排在流相计算指定的间隙完成。这样的处理方法能很好地与喷雾干燥、煤和液体燃料燃烧和一些负载粒子流动相吻合,但不适用于流-流混合物、流化床和其他第二相体积率不容忽略的情形。

(4)3D 打印机的工作原理

3D 打印技术,国内专业术语称为"增材制造",是由 CAD 模型直接驱动快速制造任意复杂形状,是三维实体零件或模型的技术总称。3D 打印机的工作原理(见图 6.3.1)其实很简单,首先在计算机中生成符合零件设计要求的三维数字立体模型,通过软件分层离散和计算机数字控制系统,利用激光束、热熔喷嘴等方式将陶瓷粉末、金属粉末、塑料等特殊材料进行逐层堆积黏结,最终叠加成形,制造出实体产品。与传统的制造业通过模具、车铣等机械加工方式对原材料进行定型、切削并最终生产出不同成品不同,3D 打印将三维实体变为若干个二维平面,通过对材料处理并逐层叠加进行生产,大大降低了制造的复杂度。这种数字化制造模式节省了制造时间且价格低廉,不需要复杂的工序,不需要庞大的机床,不需要众多的人力,直接从计算机图形数据便可生成任何形状的零件,使生产制造的中间环节降到最小限度。

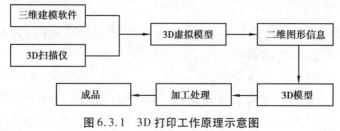

图 6.3.1　3D 打印工作原理示意图

（5）桨叶及叶轮设计的基本原理

搅拌是化工生产中一项重要的操作,通常用在搅拌反应器、结晶器或离心机中。通过搅拌器发生某种循环,使溶液中的气体、液体甚至悬浮的颗粒得以混合均匀,而为了达到这一目的,需要通过强制对流、均匀混合的器件即搅拌器的内部构件来实现。搅拌器的内部构件又称叶轮或桨叶,是搅拌设备的核心部件,通过叶轮旋转形成一定的流场并向流体输入运动所需的能量,实现物料间的混合。因此,强化搅拌混合过程的关键在于有效的设计搅拌桨叶片。

桨叶的几何形式因物料和搅拌目的的不同而不同,如桨式、涡轮式、螺带式、框式、旋转式及锚式等。根据流场结构,可分为轴向流叶轮和径向流叶轮。轴向流叶轮排出流方向与搅拌轴平行,排出流到达槽底后,又向上流动形成整体循环。这种叶轮因其可提供强的循环作用,有利于均一混合、传热、化学反应等过程。径向流叶轮把液体从竖直方向吸入而向水平方向排出,当槽内安装贴壁挡板时,切向运动受到限制,排出流在遇到槽壁时分裂成上下两股流动,形成上下循环的流型。这类叶轮适用于液液体系中需要强剪切而对轴向循环流量要求不高的工艺过程。

6.3.3　实验仪器

实验仪器采用学院购买的正睿公司的工作站、ANSYS 软件和 3D 打印机。

6.3.4　实验内容及步骤

（1）实验内容

1）桨叶及叶轮的理论介绍

①学习不同类型桨叶和叶轮的特点及适用的范围。

②学习搅拌器以及离心机的搅拌分离原理。

2）ANSYS/FLUENT 软件的学习

FLUENT 作为应用最广泛的商用 CFD 软件之一,2005 年被 ANSYS 收购,因此,ANSYS 12.0 以后的版本都集成了 FLUENT。

①学习 ANSYS 软件中的 workbench。

②学习网格划分,如 ICEM CFD 以及 ANSYS/Mesh 等。

③学习用 FLUENT 进行最终的模拟计算。

3）设计桨叶及叶轮并进行 CFD 仿真模拟分析

①利用如 Auto CAD,ProE 或 ANSYS workbench 中的 design modeler 等建模软件建立不同桨叶类型、不同桨叶安装角度的涡轮式搅拌器或叶轮的三维模型。

②划分网格。

③利用 FLUENT 进行最终的模拟计算,并对设计的桨叶或叶轮进行优化。

4）进行 3D 打印

将设计的搅拌效果较好的搅拌器桨叶进行 3D 打印。

（2）实验步骤

1）搅拌器/叶轮的单相流数值计算

①利用 ANSYS 的 Design Modeler 建模工具，对搅拌器/叶轮建立三维几何模型。建立的搅拌器三维模型如图 6.3.2 所示。

②在 Mesh 中划分网格，将其建立好的模型导入 Workbench 中的 Mesh，进行自动化网格划分。为提高精度，将 relevance center 设为"fine"，再对网格进行检查。在 Mesh 中，对各个区域进行重命名，把旋转域命名为"fluent-inner"，静止域命名为"fluent-outer"。

整个流体域的网格划分截面图如图 6.3.3 所示。

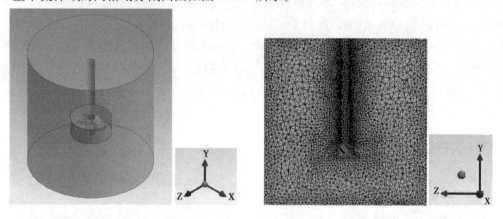

图 6.3.2　搅拌器几何图　　　　图 6.3.3　搅拌器网格划分内部截面图

为了便于前处理边界条件的设置，在 Mesh 中还需对区域的各个面进行重命名。此过程对边界条件的设定起到重要的作用，影响后续对旋转域速度的添加及旋转域与静止域交界面的选取。本实验将静止域外壁命名为"statical zone"，绿色区域即为所选取的外壁的面，所有命名如图 6.3.4 所示。

依照上图的方法，依次对轴、圆盘内外表面以及旋转区域和静止区域进行重命名。

③打开 FLUENT 中的"Setup"，对网格进行检查。如果网格的最小单元体积 Minimum Volume 大于零，即无负体积出现，表示网格可用。介质采用单相水，在 FLUENT 中对流动区域类型和边界条件进行定义。

A. 求解器类型

此过程的流体为单相的水，为不可压缩流动，模拟采取基于压力（Pressure-Based）的求解器，求解定常运动。在模拟过程中，需要考虑重力作用，因此，在 GravitationalAcceleration 的 Y 方向栏中设置重力加速度为" -9.81 m/s^2 "。在 time 下方勾选"steady"稳态。

B. 求解方法及求解控制参数

FLUENT 中常采用有限体积法来离散方程，默认情况下所有方程的对流项都为一阶迎风格式。但是，当网格为三角形或四面体时，流动不与网格匹配，故采用二阶离散格式得到的结果更精确。因此，本实验动量选用二阶迎风格式。实现压力修正的方法有多种，其中，压力耦合方程组的半隐式方法（SIMPLE 算法）应用得最广泛，很多商用 CFD 软件均采纳此算法，它采用有限体积法对原始变量的基本方程在交错网格上进行离散，把速度求

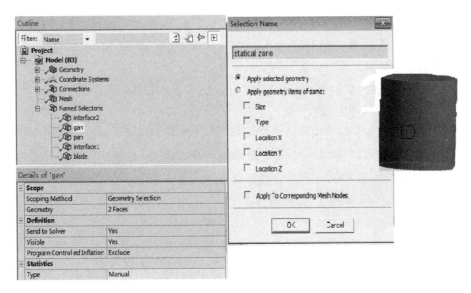

图 6.3.4 静止域外壁的重命名

解过程分解成两阶段来完成。通过压力修正技术,最后得到收敛解。运用 SIMPLE 算法,求得的压力对速度场的修正是非常有效的。综上所述,本次实验选用 SIMPLE 算法进行压力-速度耦合。

C. 湍流模型

流动场的计算使用多重参考系(multi-reference frame,MRF)法,将计算域分为两种区域。其中,桨叶附近区域在旋转参考系下计算,其他区域使用静止参考系,并选用标准 k-ε 湍流模型来模拟湍流状态下的流体流动。在 FLUENT 中,作为默认值常数,$C_{1z} = 1.44$,$C_{2z} = 1.92$,$C_{3z} = 0.09$,湍动能 k 和耗散率 ε 的湍流普朗特数依次为 $\sigma_k = 1.0$,$\sigma_z = 1.3$。

D. 材料的选取

单相是水,在数据库中选取材料,首先选择"Materials"→"Fluid"→"Fluent Database Materials",在此页面中选择"Water",然后单击"copy",准备下一步操作。

E. 边界条件设置

编辑边界条件。在 Boundary Conditions 中打开桨叶(模型中命名为"blade"),将其设置为运动的壁面,并选择相对速度运动,相对速度为零,沿 Y 轴旋转。其余轴(模型中命名为"gan")、圆盘(模型中命名为"pan")及旋转壁面设置都以同样的方法设置。

F. 编辑区域条件

打开区域条件编辑框,需对旋转域 rator 及静止域 stator 进行定义,rator 域类型为流体(fluid),并且为运动的结构,旋转速度设为"100 rpm",绕 Y 轴旋转,其他条件设置为默认。其中,静止域 stator 的类型也为流体(fluid),并将 stator 设置成静止域。

G. 设置交界面

将在 Mesh 中定义的旋转域的外围面和静止域与旋转域相交的面设置成一组交界面,交界面使用默认的 contact-region。单击"Mesh Interfaces"进行交界面的设置,已有了交界面,保持默认即可。

④数值计算：设置好边界条件之后，执行菜单栏中的"Solution Initialization"，进行初始化设置。最后进行迭代运算。执行菜单栏中的"Run Calculation"命令，设置计算时间为"10 000"，然后开始计算。

⑤改变桨/叶轮的类型、转速和安装高度等参数，重新计算模拟结果，选取最佳的参数。

2）搅拌器/桨叶的两相流数值计算

采用优化桨型进行固-液两相流场模拟，查看模拟效果。两相流的设置与单相流只有一点不同就是在 Time 下方勾选"Transient"，表示为两相流模拟，其他地方相同。计算模型的选取，为了提高精度，选用 RNG k-ε 两方程湍流模型（也可采用标准 k-ε 模型）。因为是固-液两相，所以选取 Mixture 多相模型，无滑移速度。

①定义流体材料

因选择的是 Mixture 模型，涉及水与碳酸钙两种物质，故两种物质均可从数据库中调出，具体方法与单相类似。

②相的定义

第一相液相设置为水，第二相固相设置为碳酸钙。

③边界条件的设置

两相流体的设置与单相的设置并无多大区别，但由于两相中加入的是碳酸钙悬浮颗粒，因此，将搅拌速度变大。其余区域条件的设置与单相区域条件的设置相同，如图 6.3.5 所示。

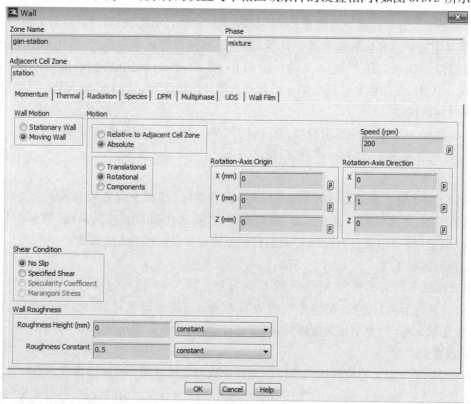

图 6.3.5　边界条件的设置

④模拟结果及分析

对流场进行初始化后,开始进行迭代运算。其计算结果如图 6.3.6 和图 6.3.7 所示。

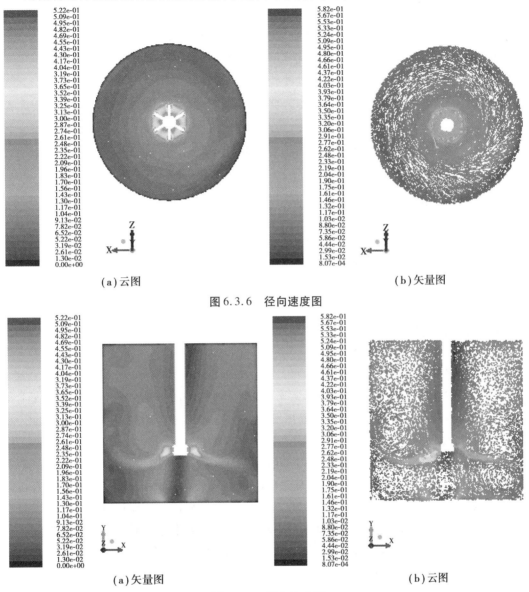

(a)云图   (b)矢量图

图 6.3.6 　径向速度图

(a)矢量图   (b)云图

图 6.3.7 　轴向速度图

3)3D 打印

将搅拌效果较好的搅拌器的三维立体模型保存为"STL"格式,连接 3D 打印机,开始打印,具体操作步骤可上网查询并在实验报告中撰写。

6.3.5 　实验数据及处理

对运算进行后处理,截取计算完之后的速度云图和矢量图,对其进行分析评价,如图 6.3.6 和图 6.3.7 所示。比较不同桨型、转速等得到的速度矢量图,对其进行分析评价,得到最佳桨型和转速。

6.3.6 思考与讨论

①为什么在进行两相流数值模拟之前要选择水进行单相流数值模拟？
②搅拌器中桨叶的转速、离底高度和桨型选择对搅拌效果有怎样的影响？
③除实验中考虑的因素外，还有其他哪些方案对搅拌器的搅拌效果有影响？
④3D 打印技术可应用在哪些行业中？举例说明(2~3 个例子)。

实验 6.4 旋转蒸发仪有机物抽提萃取实验

6.4.1 实验目的

①了解污水中有机物抽提萃取流程。
②熟悉旋转蒸发仪的使用流程与注意事项。
③训练并掌握利用旋转蒸发仪进行污水中有机物抽提萃取实验的步骤与方法。
④掌握旋转蒸发仪旋转速度与溶液蒸发速度的关系。

6.4.2 实验原理

(1)旋转蒸发仪的工作原理

旋转蒸发仪又称旋转蒸发器，是实验室常用设备。它由马达、蒸馏瓶、加热锅及冷凝管等组成。它主要用于减压条件下连续蒸馏易挥发性溶剂，应用于化学、化工、生物医药等领域。

1)旋转蒸发仪的结构

蒸馏烧瓶是一个带有标准磨口接口的茄形或圆底烧瓶，通过一高度回流蛇形冷凝管与减压泵相连，回流冷凝管另一开口与带有磨口的接收烧瓶相连，用于接收被蒸发的有机溶剂。在冷凝管与减压泵之间有一三通活塞，当体系与大气相通时，可将蒸馏烧瓶，接液烧瓶取下，转移溶剂。当体系与减压泵相通时，则体系应处于减压状态。使用时，应先减压，再开动电动机转动蒸馏烧瓶；结束时，应先停机，再通大气，以防蒸馏烧瓶在转动中脱落。作为蒸馏的热源，常配有相应的恒温水槽。

通过电子控制，使烧瓶在最适合速度下，恒速旋转以增大蒸发面积。通过真空泵使蒸发烧瓶处于负压状态。蒸发烧瓶在旋转同时置于水浴锅中恒温加热，瓶内溶液在负压下在旋转烧瓶内进行加热扩散蒸发。旋转蒸发器系统可密封减压至 400~600 mmHg；用加热浴加热蒸馏瓶中的溶剂，加热温度可接近该溶剂的沸点；同时还可进行旋转，速度为 50~160 r/min，使溶剂形成薄膜，增大蒸发面积。此外，在高效冷却器作用下，可将热蒸气迅速液化，加大蒸发速率。

2)旋转蒸发仪的主要部件

①旋转马达。通过马达的旋转带动盛有样品的蒸发瓶。

②蒸发管。蒸发管有两个作用:起到样品旋转支撑轴的作用;通过蒸发管,真空系统将样品吸出。

③真空系统。用来降低旋转蒸发仪系统的气压。

④流体加热锅。通常情况下都是用水加热样品。

⑤冷凝管。使用双蛇形冷凝或其他冷凝剂(如干冰、丙酮)冷凝样品。

⑥冷凝样品收集瓶。样品冷却后进入收集瓶。

机械或马达机械装置用于将加热锅中的蒸发瓶快速提升。

旋转蒸发仪的真空系统可以是简单的浸入冷水浴中的水吸气泵,也可以是带冷却管的机械真空泵。蒸发和冷凝玻璃组件可很简单,也可很复杂,这要取决于蒸馏的目标,以及要蒸馏的溶剂的特性。不同的设备都会包含一些基本的特征,现代设备通常都增加了数字控制真空泵、数字显示加热温度甚至蒸汽温度等功能。

旋转蒸发仪的主要结构如图 6.4.1 所示。

(2)利用旋转蒸发仪进行污水中有机物抽提萃取的实验原理

污水中通常含有大量的有机物,当需要对有机物成分进行分析时,则需要将污水中的有机物首先进行抽提萃取才可进行下一步的实验测试。因此,对污水中的有机物进行抽提萃取极为重要。在本实验中,利用旋转蒸发仪进行污水中的有机物抽提萃取主要是利用旋转蒸发仪在抽真空状态降低有机溶剂的沸点来进行的。本实验首先利用有机溶解(如二氯甲烷)与污水中有机物相似相溶的原理,利用有机溶剂将污水中的有机物萃取到有机溶剂中。随后将有机溶剂在旋转蒸发仪上进行抽真空抽提,将二氯甲烷进行分离,从而抽提之后在圆底烧瓶中留下的即为本实验所需要的抽提有机物。

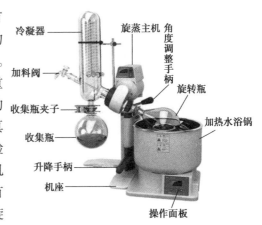

图 6.4.1 旋转蒸发仪的结构

6.4.3 实验试剂及仪器

(1)实验试剂

实验试剂见表 6.4.1。

表 6.4.1 实验试剂

名称	化学式	纯度级别
二氯甲烷	CH_2Cl_2	AR
盐酸	HCl	AR
氢氧化钠	NaOH	AR

（2）实验仪器

1）旋转蒸发仪

本实验所用旋转蒸发仪所蒸发容量为 100～200 mL。其结构如图 6.4.1 所示。

2）分液漏斗

本实验中分液漏斗在二氯甲烷将污水中有机物进行萃取口用于分离二氯甲烷有机相，随后所得到的有机相在旋转蒸发仪上进行旋转蒸发。

3）烧杯、玻璃棒等

用于进行二氯甲烷萃取污水中的有机物，污水 pH 值调节和萃取过程中有机相的搅拌与导流等。

4）pH 试纸等

用于萃取过程中污水 pH 值的测定。

5）量筒等

用于污水及二氯甲烷有机相溶剂的量取。

6.4.4 实验内容与步骤

（1）实验内容

了解污水中有机物抽提萃取流程；熟悉旋转蒸发仪使用流程与注意事项；训练并掌握利用旋转蒸发仪进行污水中有机物抽提萃取实验步骤与方法；掌握旋转蒸发仪旋转速度与溶液蒸发速度的关系。

（2）实验步骤

1）准备工作

①仪器准备

将旋转蒸发仪冷却水入口通过软管连接至自来水龙头，在实验过程中对旋转蒸发出的有机物进行冷凝。同时，将旋转蒸发仪接通电源，进行调试。

②设备调试

对旋转蒸发仪进行设备调试。其步骤如下：

A. 高低调节：

a. 手动升降，转动机柱上面手轮，顺转为上升，逆转为下降。

b. 电动升降，手触上升键主机上升，手触下降键主机下降。

B. 冷凝器上有两个外接头是接冷却水用的，一头接进水，另一头接出水，一般接自来水。冷凝水温度越低效果越好。上端口装抽真空接头，抽真空泵接头接真空泵皮管抽真空用的。

C. 开机前，首先将调速旋钮左旋到最小，按下电源开关指示灯亮；然后慢慢往右旋至所需要的转速，一般大蒸发瓶用中、低速，黏度大的溶液用较低转速。烧瓶是标准接口 24 号，随机附 500 mL，1 000 mL 两种烧瓶，溶液量一般不超过 50% 为宜。

D. 使用时，应先减压，再开动电机转动蒸馏烧瓶；结束时，应先停电动机，再通大气，以防蒸馏烧瓶在转动中脱落。

③玻璃器皿准备

将所有玻璃器皿清洗干净并放在烘箱中烘干,以备实验时使用。

2)实验操作

①二氯甲烷萃取废水中有机物

a. 在中性条件下进行萃取,用量筒量取 200 mL 废水倒入分液漏斗中,并在分液漏斗中加入 50 mL 二氯甲烷,充分摇晃分液漏斗使二氯甲烷与废水进行混合,在摇晃过程中需打开分液漏斗瓶塞进行放气。随后,静置 10 min 使废水相与二氯甲烷有机相分层。待分层后再重复两次以上步骤。随后将有机相通过下部出液口排入圆口烧瓶中。

b. 利用盐酸溶液和 pH 试纸将上一步抽提后的废水 pH 调至 2 左右,在酸性条件下对废水进行萃取。注意,本次过程中所加二氯甲烷体积为 30 mL,其他步骤与上一步完全相同。

c. 利用氢氧化钠溶液对废水进行 pH 调节,使其 pH 为 13。在碱性条件下对废水进行再次萃取。

将所有萃取的有机相接入圆底烧瓶中以备抽提。在整个过程中,圆底烧瓶需用塑料薄膜进行封闭,防止二氯甲烷挥发。

②二氯甲烷抽提

将圆底烧瓶与旋转蒸发仪进行连接进行抽提。其步骤为:首先打开冷却水,打开旋转蒸发仪开关,随后打开真空泵,待真空泵压力达到 0.06 MPa 时,打开旋转蒸发仪旋转开关,进行抽提。

3)样品测量

实验过程中,需记录旋转蒸发仪旋转速度与有机溶剂蒸发完全所用时间,随后得出不同旋转速率与蒸发仪蒸发速率的关系式。

6.4.5　实验数据分析与处理

①按表 6.4.2 记录实验条件和数据。

表 6.4.2　实验条件和数据

组数	有机溶剂体积	旋转蒸发仪旋转速度	蒸发完全所需时间	蒸发速率

②绘出旋转蒸发仪旋转速度与蒸发速度的关系图。

6.4.6　思考与讨论

①旋转蒸发仪工作原理是什么？各部分部件的功能是什么？

②利用旋转蒸发仪进行污水有机物提取的原理是什么？有哪些重要影响因素？

③如何利用旋转蒸发仪实现更有效的污水有机物提取？

实验 6.5　圆筒型离子交换膜反应装置利用污水进行生物固碳与能源产出实验

6.5.1　实验目的

①了解圆筒型离子交换膜光生物反应器的搭建流程。

②熟悉微藻细胞扩大化的培养方法。

③训练并掌握利用圆筒型离子交换膜光生物反应器进行微生物固碳与油脂产出实验方法。

④掌握微生物密度、固碳量与油脂产率测量与计算方法。

6.5.2　实验原理

(1)微生物利用污水进行固碳与能源产出原理

在众多可再生能源种类中,生物质能占据着很重要的地位。生物质能是指太阳能以化学能的形式储存在生物质细胞内的能量,也就是说以生物质为载体的能量。它具有可再生、低污染、分布广泛等较多优点。目前,生物能源主要有 3 种类型:以粮食为主要原料的第一代生物质能源、以纤维素为主的第二代生物质能源和微藻第三代生物质能源。与前两代生物质能源相比,微藻生物质能源具有生长周期短、光合效率高、油脂含量高和环境适应能力强等优点,近年来受到了广泛关注。微藻可利用污水中的无机盐作为营养物质,利用烟气中的 CO_2 气体作为生长底物,并利用光能进行光合作用合成油脂、糖类等能源类物质,同步实现能源产出和环境治理的功效。

微藻能在较适宜的环境条件下利用水和 CO_2,通过光合作用将太阳能转化为化学能,并以大分子物质的形式大量积累在微藻细胞内,如三酰甘油和淀粉等。随后,微藻细胞内的这些碳基生物质能源载体(三酰甘油和淀粉等)经过后续处理即可转化为生物乙醇(由淀粉转化而来)和生物柴油(由三酰甘油转化而来)等能源形式。

微藻生物乙醇可通过将培养收获的微藻生物质经过生化过程(即发酵)或热化学过程(即气化)转化而来。目前,微藻生物乙醇的制备方法主要集中于将微藻生物质进行发酵获取。在发酵过程中,微藻生物质可提供大量糖类和蛋白质类大分子物质作为发酵反应的碳源原料。在发酵过程中,每 1 kg 碳源(葡萄糖)最多可生产 0.51 kg 乙醇和 0.49 kg CO_2。生物乙醇的发酵过程可简化方程式为

$$C_6H_{12}O_6 \rightarrow 2CH_3CH_2OH + 2CO_2 \tag{6.5.1}$$

与生物乙醇相比,微藻生物柴油凭借其无毒、生物降解率高和 CO_2 排放量低等优点而受到广泛关注。微藻生物柴油主要由长链脂肪酸(C12-C18)组成,通过将微藻细胞内的三酰甘油经过转脂化过程得到。目前,常见的用于生产生物柴油的微藻藻种有普通小球藻(*Chlorella* sp.)、栅藻(*Scenedesmus* sp.)、杜氏藻(*Dunaliella* sp.)、微拟球藻(*Nannochloropsis* sp.)、等鞭金藻(*Isochrysis* sp.)等。微藻生物质柴油在工业化应用中能实现取代或部分取代传统化石能源的前提是必须满足以下 3 个条件:微藻生物柴油具有较好质量,可满足国际上公认的柴油质量标准;微藻生物质原料充足;微藻生物柴油生产成本较低。微藻油脂的主要成分为中性的低度不饱和脂肪酸,这使微藻生物柴油具有较良好的性能,为微藻生物柴油的大规模生产创造了得天独厚的条件。与此同时,微藻具有相对较高的生长速率和光合效率,生长周期短等优点,大规模生产时,可在较短时间内得到大量微藻生物质。部分微藻藻种生物质产率和油脂产率见表 6.5.1。可知,与传统油料作物(大豆)相比,微藻具有相对较大的生物质产率和油脂产率。然而,由于目前微藻培养和下游处理成本相对较高,导致微藻大规模工业化应用仍然有较大难度。因此,需要对微藻生长和油脂代谢过程进行优化调控,强化微藻生物质产量和油脂产率,从而提高微藻生物质产油的经济性。

表 6.5.1 部分微藻藻种生物质产率和油脂产率

藻　种	生物质产率/$[g \cdot (L \cdot d)^{-1}]$	油脂产率/$[mg \cdot (L \cdot d)^{-1}]$
大豆(传统油料作物)	—	0.65
普通小球藻	0.37 ~ 0.53	121.3 ~ 171.8
斜生栅藻	0.06	7.14
杜氏藻 ATCC 30929	0.10	60.6 ~ 69.8
微拟球藻	0.09	25.8
等鞭金藻 F&M-M37	0.14	37.8

(2)离子交换膜反应器工作原理

目前,微生物能源转化领域常采用光生物反应器对光生物细胞进行培养与能源转化。光生物反应器常采用透光性较好的有机玻璃加工而成,从而为光生物细胞提供必要的光源。本实验采用污水作为微藻生长的营养物来源,为避免污水直接接触对微藻细胞的毒害作用,本实验采用离子交换膜将微藻培养液与污水隔离在两个单独腔室,加工制造同心圆筒型离子交换膜微藻光生物反应器,如图 6.5.1 所示。

图 6.5.1 为可实现污水与微藻非直接接触的圆筒型离子交换膜光生物反应器原理图、反应实物图和系统图。该反应器包含两个同心圆筒,大圆桶和小圆筒内径分别为130 mm 和85 mm,高度均为 320 mm,其材料均为透明有机玻璃。小圆筒在大圆筒内部同轴位置进行固定。小圆筒内部空间为污水腔室,小圆筒与大圆桶之间的空间为小球藻培养腔室。在小圆筒壁面上进行镂空处理,阳离子交换膜(CEM,AMFOR INC,USA)和阴离子交换膜

(AEM,AMFPOR INC,USA)交替粘贴在小圆筒壁面上,单个反应器上阴离子交换膜和阳离子交换膜有效交换面积共 $0.08~m^2$。反应器中污水腔室和小球藻培养腔室有效工作体积各为 2 L。

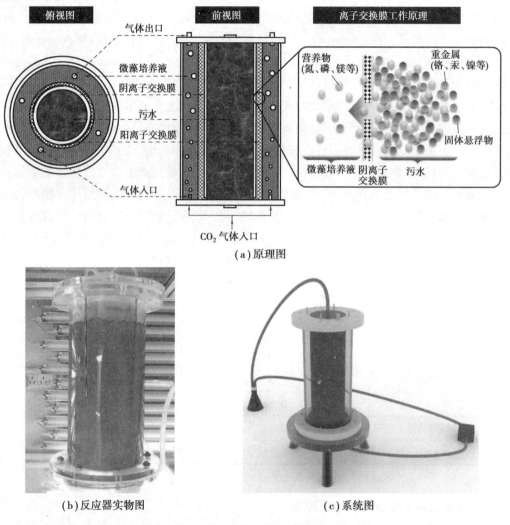

图 6.5.1 可实现小球藻与污水非直接接触式圆筒型离子交换膜反应器工作原理

在离子交换膜反应器中,阴离子交换膜和阳离子交换膜分别对阴离子和阳离子具有较好的选择透过性。具体来讲,阴离子交换膜对阴离子(NO_3^-,PO_4^{3-} 等)具有较好的选择透过性;而阳离子交换膜对阳离子(NH_4^+,Mg^{2+} 等)具有较好的选择透过性。通过将阴离子交换膜和阳离子交换膜引入反应器中,污水中的氮磷营养物便可连续不断地跨过离子交换膜进入小球藻培养液中供小球藻生长。与此同时,污水中的大分子悬浮物颗粒等物质则无法穿过离子交换膜而从污水腔室传输到小球藻培养液中,从而有效避免了污水中有毒物质对小球藻生长的抑制作用,即实现了小球藻与污水的非直接接触式培养。

6.5.3　实验试剂及仪器

（1）实验试剂

实验试剂见表 6.5.2。

表 6.5.2　实验试剂

名称	化学式	纯度级别
硝酸钠	$NaNO_3$	AR
磷酸氢二钾	K_2HPO_4	AR
七水硫酸镁	$MgSO_4 \cdot 7H_2O$	AR
二水氯化钙	$CaCl_2 \cdot 2H_2O$	AR
柠檬酸	Citric acid	AR
枸橼酸铁铵	ferric citrategreen	AR
乙二胺四乙酸二钠	$EDTANa_2$	AR
碳酸钠	Na_2CO_3	AR
微量元素	A_5	AR

A_5 配方见表 6.5.3。

表 6.5.3　A_5 配方

名称	化学式	纯度级别
硼酸	H_3BO_3	AR
四水氯化锰	$MnCl_2 \cdot 4H_2O$	AR
七水硫酸锌	$ZnSO_4 \cdot 7H_2O$	AR
钼酸钠	Na_2MoO_4	AR
五水硫酸铜	$CuSO_4 \cdot 5H_2O$	AR
六水硝酸钴	$Co(NO_3)_2 \cdot 6H_2O$	AR

（2）实验仪器

1）圆筒型离子交换膜光生物反应装置

本实验选用的同心圆筒形离子交换膜反应器正视图和俯视图如图 6.5.2 所示。该反应器利用离子交换膜将外圆桶的内部空间分割成两个独立腔室，即微藻培养腔室和污水腔室，从而避免污水对微藻细胞的毒害作用。与此同时，污水中的氮磷盐离子可连续不断地在浓度差的驱动下从污水传输进入微藻培养腔室供微藻生长。

2）其他仪器

紫外分光光度计用于测量微藻生物质量浓度，空气泵为微藻培养液供给空气，流量计控制空气和 CO_2 气体的流量。

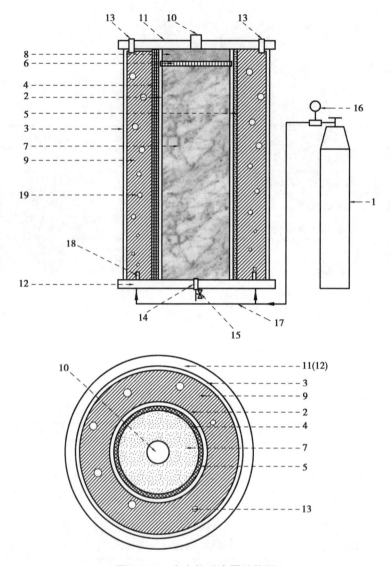

图 6.5.2　光生物反应器结构图

1—气体源;2—内圆桶;3—外圆桶;4—阴离子交换膜;5—阳离子交换膜;
6—污水初级过滤组件;7—污水腔室;8—污水;9—微藻培养腔室;10—污水注入口;
11—上盖板;12—下盖板;13—微藻接种口;14—污水出液口;15—开关阀门;
16—气体调节阀;17—导气管路;18—曝气口;19—上升气流

6.5.4　实验内容与步骤

(1) 实验内容

学习光生物反应器加工与搭建流程;学会微藻培养基的配制方法及微藻扩大化培养方法;训练并掌握利用圆桶型离子交换膜反应器进行微藻固碳与能源转化的实验操作;测量并得到微藻细胞的生物质量密度、固碳效率和生物能源产出效率。

（2）实验步骤

1）准备工作

①藻种与培养基

本文所采用的藻种为淡水普通小球藻 FACHB-31，购买自中国科学院武汉水生生物研究所。该普通小球藻为绿色单细胞生物，其直径为 3~8 μm，呈球状形态，与其他藻种相比（如斜生栅藻，硅藻），具有相对较高的生长速率和较高的油脂含量。

所采用的培养基为 BG-11 培养基，其成分为（单位：g/L 培养基）：$NaNO_3$ 1.5，K_2HPO_4 0.04，$MgSO_4 \cdot 7H_2O$ 0.075，$CaCl_2 \cdot 2H_2O$ 0.036，Citric acid 0.006，ferric citrate green 0.006，$EDTANa_2$ 0.001，Na_2CO_3 0.02 和 1 mL A5 培养液。每升 A5 培养液中含有 2.86 g H_3BO_3，1.81 g $MnCl_2 \cdot 4H_2O$，0.222 g $ZnSO_4 \cdot 7H_2O$，0.39 g Na_2MoO_4，0.079 g $CuSO_4 \cdot 5H_2O$ 和 0.049 g $Co(NO_3)_2 \cdot 6H_2O$。培养基配置完成后，使用 0.1 M HCl 和 0.1 M NaOH 将其 pH 调整至 7.1，随后在高压灭菌锅中 121 ℃高温灭菌 20 min。

②绘制生物质量浓度标准曲线

由于小球藻生物质量浓度与小球藻培养液在 680 nm 处的吸光度呈现较好的线性关系，故本实验中小球藻生物质量浓度通过使用紫外分光光度计（TU-1901，PGeneral，Beijing，China）测量小球藻培养液在 680 nm 处的吸光度进行计算。在此之前，需要对小球藻生物质量浓度随吸光度的变化曲线进行绘制。其绘制过程如下：首先取 50 mL 不同生长阶段小球藻培养液若干组，测量其在 680 nm 处的吸光度；随后将所取小球藻培养液在离心机（GL-21M）中在 8 000 r/min 转速下离心 10 min，收集小球藻藻泥用去离子水进行清洗胞外盐分并离心；随后将所得到的小球藻藻泥进行烘干称重，得到小球藻藻泥质量并计算得到小球藻细胞浓度；最后将小球藻藻液细胞质量浓度与吸光度进行对应绘制标准曲线，并得到小球藻细胞质量浓度与吸光度的标准曲线计算公式。

③设备调试

在本实验中，由于实验对反应器气密性要求较高，因此，本实验首先在反应器内注入水进行反应器检漏操作，防止实验装置出现漏水情况，影响实验效果。

2）实验操作

①将微藻菌种（普通小球藻、蛋白核小球藻、栅藻、极大螺旋藻等藻种）进行预培养活化；将用于接种微藻的净水进行灭菌 30~50 min，并将污水处理装置在紫外线下灭菌。

②待灭菌后的净水冷却至常温后，将活化后的微藻以一定比例接种于灭菌水中，随后将微藻培养液通过微藻接种口注入污水处理装置中进行培养。

③将待处理污水通过污水注入口注入内圆桶内，污水经过初级过滤组件将污水中大颗粒悬浮物过滤后流入污水腔室中。

④将含有 CO_2 的工业废气通过导气管路和曝气口鼓入微藻培养腔室内，为微藻生长提供碳源。被微藻利用后的废气从微藻接种口排出。

⑤接种后的微藻培养液在微藻培养腔室中培养。在此培养期间，污水中的无机盐离子通过阴阳离子交换膜渗入微藻培养腔室内，在培养微藻的同时，污水也得到了净化处理。

⑥培养周期完毕后,将微藻从曝气口收获并进行后续加工。

3)样品测量

本实验中小球藻总脂含量通过 Bligh 和 Dyer 等人所提的称重法进行测量,本实验所使用的方法在 Bligh 和 Dyer 所使用的方法基础上进行了稍加修改。油脂含量测量的具体过程为:首先精确称取 100~150 mg 干藻粉,同一样品,共取 3 个平行样;随后将称量好的干藻粉放入提前准备好的离心管中并用移液枪依次向离心管中加入 2 mL 甲醇、1 mL 氯仿、0.8 mL 水并摇匀;然后将配置好的试管放置在 35 ℃恒温水浴中浸泡并振荡 1 h,随后超声振荡 30 min(50 W);最后将超声振荡后的离心管进行离心(6 500 r/min,5 min)取上清液,将上清液倒入提前洗净的干燥菌种瓶中。重复步骤上述步骤 4~5 次,直至上清液为澄清。在收集的上清液中依次加入(1 × 提取次数)mL 氯仿、(1 × 提取次数)mL 水,使最终萃取剂体积比为氯仿:甲醇:水 =1:1:0.9,随后静置分层(菌种瓶上层为甲醇和水,下层为小球藻油脂和氯仿)。用移液枪将分层后得到的底层液体抽取至提前称重的干燥称量瓶中放至烘箱中烘干(60 ℃)6~8 h,烘干结束后取出称量瓶放到干燥器中冷却至室温并称重。

小球藻油脂成分是通过将所提取油脂酸化转脂化的方法来测量油脂内脂肪酸甲脂(FAMEs)的成分来进行分析。脂肪酸甲脂需溶解在己烷中,并且加入十九烷酸(C19)作为内标。随后,配置好的混合液在 85 ℃状态下反应 2.5 h 后取 1 μL 样品注入气相色谱(GC-2 000,Shimazu,Japan)中进行测量。

6.5.5 实验数据分析与处理

①按表 6.5.4 记录实验条件和数据。

表 6.5.4 实验条件和数据

组数	光照强度	CO₂ 浓度	微藻生物质量浓度	微藻固碳率	微藻油脂含量	微藻油脂产率

②绘出微藻生物质量浓度随吸光度的变化曲线。
③绘出微藻生长曲线、固碳量变化曲线和油脂产出变化曲线。

6.5.6 思考与讨论

①反应器离子交换膜在反应器中的作用是什么?
②微藻处理污水、固碳与能源产出的效率的影响因素主要有哪些?

③如何将微藻生物质处理污水和固碳与其他相关技术进行结合?

实验 6.6　超滤膜截留性能测定实验

6.6.1 实验目的

①了解液相膜分离技术的特点。
②熟悉超滤膜分离的工艺过程。
③训练并掌握超滤膜分离的实验操作。
④掌握渗透通量、截流率的测量方法。

6.6.2　实验原理

(1)超滤膜分离的原理

过程工业中,资源利用率低、能源消耗高、环境污染严重等问题与传统分离过程的高能耗和低效率有密切联系,而膜分离技术是解决这些问题的有效途径之一。膜分离是以具有选择性透过功能的膜为分离介质,通过在膜两侧施加一种或多种推动力,使原料中的某组分选择性地透过膜,从而达到混合物的分离、浓缩等目的的一种新型分离过程。根据膜孔径的不同,可将膜材料分为微滤膜(MF)、超滤膜(UF)、纳滤膜(NF)及反渗透膜(RO)等。图6.6.1列出了这4种膜材料对物质的截留示意图。小于膜孔径的组分透过膜,而大于膜孔径的微粒、大分子、盐等被膜截留下来。与其他传统的分离方法相比,膜分离技术具有过程无相变、分

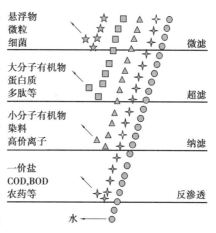

图 6.6.1　微滤膜、超滤膜、纳滤膜及反渗透膜截留物质示意图

离效率高、设备能耗低等优点,在水处理、食品工业、生化工程等行业得到越来越广泛的应用。

超滤膜的孔径为 1.0~20 nm,所施加的压力差为 0.1~1.0 MPa。当含有大分子和小分子溶质的混合溶液通过超滤膜表面时,溶剂(如水)和小分子溶质(如无机盐类)将透过超滤膜,大分子溶质(如有机高分子、蛋白质等)则被超滤膜截留。本实验采用中空纤维超滤膜截留分子质量为 20 000 的聚乙二醇大分子,考察膜的分离效果以及操作条件对膜分离性能的影响。

(2)超滤膜分离性能评价方法

超滤膜的分离性能用分离效率、渗透通量来描述。本实验分离效率用聚乙二醇的截留率 R 表示,即

$$R = \left(1 - \frac{C_P}{C_W}\right) \times 100\% \tag{6.6.1}$$

式中　C_P——透过液中聚乙二醇浓度；

　　　C_W——原料液中聚乙二醇浓度，用比色法测量。

渗透通量用单位时间单位膜面积上的渗透液体积 $J(L/m^2h)$ 表示，即

$$J = \frac{V}{St} \tag{6.6.2}$$

式中　V——透过液体积；

　　　S——膜的有效面积；

　　　t——膜设备运行时间；

　　　J——渗透通量，L/m^2h。

6.6.3　实验试剂及仪器

(1)实验试剂

实验试剂见表6.6.1。

表6.6.1　实验试剂表

名　称	化学式	纯度级别
聚乙二醇(Mw20000)	$HO(CH_2CH_2O)_nH$	CP
醋酸	CH_3COOH	CP
次硝酸铋	$BiNO_4$	AR
碘化钾	KI	AR
醋酸钠	CH_3COONa	AR

(2)实验仪器

1)中空纤维超滤膜实验装置

实验选用截留分子量为6 000的聚砜中空纤维超滤膜，膜面积为0.5 m^2。实验装置及流程示意图如图6.6.2所示。原料水槽20中的聚乙二醇溶液经水泵加压至预过滤器3,过滤掉杂质后,经过流量计1及水切换阀至中空纤维膜组件6和中空纤维膜组件8,透过液经阀门10流入渗透液水槽22,浓缩液经流量计7流入浓缩液储槽21中。

2)其他仪器

752紫外可见分光光度计用于测定聚乙二醇的吸光度,以及其他实验室常用的仪器(如容量瓶、移液管、烧杯、量筒、秒表等)。

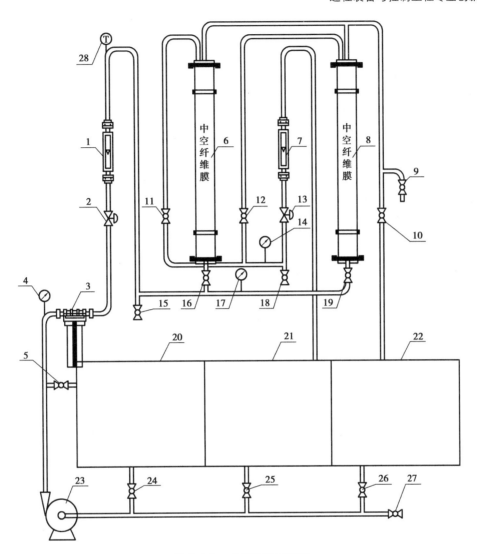

图 6.6.2　实验装置示意图

1—进水流量计;2—进水流量调节阀;3—微型过滤器;4—入口压力表;5—旁路调节阀;
6—超滤膜 1;7—浓缩侧流量计;8—超滤膜 2;9—渗透液放出阀;10—渗透液出口阀;11—膜 1 浓缩阀;
12—膜 2 浓缩阀;13—浓缩侧调节阀;14—浓缩侧压力表;15—原料液放出阀;16—膜 1 原料液入口阀;
17—膜 2 原料液入口阀;18—浓缩侧放出阀;19—膜 2 入口压力表;20—原料液槽;21—渗透液槽;
22—浓缩液槽;23—原料泵;24—原料液槽入口阀;25—浓缩液槽入口阀;26—渗透液槽入口阀;
27—水槽放水阀;28—温度计

6.6.4　实验内容及步骤

(1) 实验内容

测定不同操作压力对膜分离性能(渗透通量和截留率)的影响。在原料液浓度和流率相同条件下,改变操作压力,记录渗透液流率及渗透液吸光度值,计算得到渗透通量和截留率。

（2）实验步骤

1）准备工作

①配制发色剂

a. A 液。准确称取 1.600 g 次硝酸铋置于 100 mL 容量瓶中,加醋酸 20 mL,用蒸馏水稀释至刻度。

b. B 液。准确称取 40 g 碘化钾置于 100 mL 棕色容量瓶中,用蒸馏水稀释至刻度。

c. Dragendoff 试剂。量取 A 液、B 液各 5 mL 置于 100 mL 棕色容量瓶中,加冰乙酸 40 mL,用蒸馏水稀释至刻度。此溶液有效期为 10 年。

d. 醋酸-醋酸钠缓冲液:量取 0.2 mol/L 醋酸钠溶液 590 mL 及 0.2 mol/L 醋酸溶液 410 mL 置于 1 000 mL 容量瓶中,配制成 pH = 4.8 的醋酸-醋酸钠缓冲液。

②绘制聚乙二醇溶液吸光度标准曲线

准确称取在 60 ℃下干燥 4 h 的聚乙二醇 1.0 g 溶于 1 000 mL 容量瓶中,分别吸取聚乙二醇溶液 0.5,1.5,2.5,3.5,4.5 mL 溶解于 100 mL 容量瓶内配制成浓度为 5,15,25,35,45 mg/L 的聚乙二醇标准溶液。各取 50 mL 加入 100 mL 容量瓶中,分别加入 Dragendoff 试剂及醋酸缓冲液各 10 mL,蒸馏水稀释至刻度,放置 15 min,于波长 510 nm 下,用 1 cm 比色池,在 752 型分光光度计上测定光密度,蒸馏水为空白。以聚乙二醇浓度为横坐标,光密度为纵坐标作图,绘制出标准曲线。

③设备调试

按实验装置工艺流程图连接好管路,在原水槽内放入清水。各管路出口阀门关闭,通电启动,观察各个接口是否有漏液现象。接着打开浓缩液和渗透液出口阀门,在一定流量和压力下运转数分钟,观察浓缩液和超滤液是否有液体出现。确认设备正常后,切断电源停泵,放净系统的清洗水,准备下一步实验。

④原料液配制

液量 35 L(储槽使用容积),聚乙二醇溶液浓度约 30 mg/L。具体配置方法是:取 Mw20000 聚乙二醇 1.1 g 放入 1 000 mL 的烧杯中,加入 800 mL 水,溶解。搅拌至全溶。在储槽内稀释至 35 L,并搅拌均匀备用。

2）分离测样

①用干净烧杯取原料液样 100 mL,放置,测光密度和浓度。

②用膜组件 6 分离聚乙二醇溶液,打开阀门 2,9,10,11,13,16,24,关闭阀门 15,19,25,26,27。开泵,流量为 30 L/h。调节阀门 2 和 5,将压力表 17 压力调节为 0.1 MPa,几分钟后,有透过液出现,这时准确记录时间。在阀门 9 处用烧杯接透过液 1 min,测量体积,计算流量。用烧杯各取 100 mL 原料液、透过液和未透过液,用 25 mL 移液管分别移取 25 mL 原料液、透过液、未透过液试样于 50 mL 容量瓶中,测定光密度。

③每隔 20 min 取一次样,共取 6 次样,每次都要重新测量透过液流量,重新取样测定光密度。

④改变操作压力(分别为 0.05,0.1,0.15,0.2 MPa),重复步骤①、步骤②、步骤③(注意始终保持流量为 30 L/h)。

⑤停泵,关闭阀门 24,打开阀门 26。

⑥放掉膜组件及管路中的原料液。打开阀门 15,将膜组件中的原料液排入原料储槽中。

3)清洗膜组件及装置

待膜组件中的原料液流完后,关闭阀门 15,24,打开阀门 16,19,26,开泵。清洗膜组件 5 min 后,调节阀门 11,12,16,19,使压力表 14,17 读数为 0.08 MPa,视窗中有透过液出现,继续清洗 15 min。最后停泵,打开阀门 15,排尽膜组件及管路中的水。最后打开阀门 24,25,26,27,排尽储槽中的水。

6.6.5 实验数据分析与处理

①按表 6.6.2 记录实验条件和数据。

表 6.6.2 实验条件和数据

膜规格: 进水流率: 温度: ℃   时间: 年 月 日

时刻	入口压力 P_1	出口压力 P_2	渗透液体积 /(mL·min^{-1})	原料侧吸光值 A_1	渗透侧吸光值 A_2	操作压差 $(P_1+P_2)/2$	渗透通量 /[L·(m²h)$^{-1}$]	截留率 $1-A_2/A_1$

②绘出渗透通量随时间的变化关系图。

③绘出截留率随时间的变化关系图。

④绘出渗透通量随压力的变化关系图。

6.6.6 思考与讨论

①试论述超滤膜分离的机理。

②讨论压力对渗透通量的影响。

③截留率随时间如何变化? 为什么?

④阅读参考文献,回答什么是浓差极化? 有什么危害? 有哪些消除的方法?

⑤举出几种可用来制造超滤膜的材料,简要介绍其性能。

实验6.7 纳滤、反渗透膜制备纯净水实验

6.7.1 实验目的

①掌握纳滤、反渗透膜分离技术的基本原理。
②了解膜分离法制纯净水的流程、设备组成和结构特点。
③通过测定纳滤膜和反渗透膜制得的纯净水质量,比较这两种分离技术的优劣。

6.7.2 实验原理

纳滤技术(NF)是介于超滤与反渗透之间的一种膜分离技术。其截留分子量为200~1 000,膜孔径为0.5~1.0 nm。纳滤膜可截留糖类等低相对分子质量有机物和高价无机盐(如 $MgSO_4$ 等),但对单价无机盐的截留率低(仅为10%~80%)。由于单价无机盐可自由透过纳滤膜,因此,使得两侧因离子浓度不同而造成的渗透压远低于反渗透膜。在相同渗透通量条件下,纳滤膜所要求的驱动压力比反渗透膜要低得多。因纳滤膜的这种独特分离性能,使它在水软化和低相对分子质量有机物纯化中得到了广泛应用,如纯水制备、抗生素浓缩与纯化、乳清蛋白浓缩等实际分离过程中。

反渗透(RO)是渗透的逆过程,以压力差为推动力,反渗透膜只能透过水分子而截留离子或小分子物质。操作时,对膜一侧的料液施加压力,当压力超过它的渗透压时,溶剂会逆着自然渗透的方向作反向渗透。从而在膜的低压侧得到透过的溶剂,即纯水;高压侧得到浓缩的溶质,即浓缩液。由于具有设备体积小、适应性强等优点,反渗透膜已成为水处理的重要手段之一,尤其在海水淡化、苦咸水脱盐、超纯水生产等方面显示出巨大的优越性。

自来水中含有少量固体悬浮物、胶体、细菌,以及 Na^+、K^+、Ca^{2+}、Mg^{2+}、Cl^-、SO_4^{2-} 等离子。纳滤膜可过滤掉全部有害物质,保留对人体有益的矿物质和微量元素;而反渗透膜能把水中所有物质彻底过滤,得到纯净水。纳滤膜和反渗透膜净水水质的区别见表6.7.1。本实验分别采用纳滤膜和反渗透膜去除自来水中的盐分,比较这两种分离技术制得的纯净水质量,考察操作条件对膜分离性能(分离效率和渗透通量)的影响。分离效率用进出水电导率的变化情况 R 表示,即

$$R = \left(1 - \frac{A_1}{A_2}\right) \times 100\% \tag{6.7.1}$$

式中 A_1——透过液的电导率值;

A_2——原料液的电导率值。

表6.7.1 纳滤膜与反渗透膜净水水质的区别

	纳滤膜	反渗透膜
去除物质	水垢(Ca 盐、Mg 盐等)、细菌、农药、重金属离子等有害物质	泥沙、悬浮物、胶体、细菌、大分子有机物、重金属离子、Na 等单价离子

续表

	纳滤膜	反渗透膜
出水水质	矿物质水	纯净水
出水水质标准	符合《饮用净水水质标准》(CJ94—2005)	符合《生活饮用水水质处理器卫生安全与功能评价规范 – 反渗透处理装置》(2001)

6.7.3　实验试剂及仪器

(1) 实验试剂

本实验以自来水为实验对象,可在自来水中加入一定浓度的 $NaCl$,$MgSO_4$ 等盐,以调节电导率。

(2) 实验仪器

1) 实验流程

本实验设计了预处理(石英砂滤)、超滤、纳滤脱盐、反渗透脱盐等净化单元,研究了自来水深度处理制备纯净水的工艺。其流程如图 6.7.1 所示。

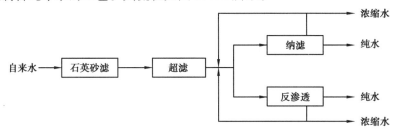

图 6.7.1　纯净水制备流程

2) 实验装置

实验装置示意图如图 6.7.2 所示。实验装置由 1 支石英砂滤、2 支超滤膜、1 支纳滤膜(膜面积约 $0.4\ m^2$)、1 支反渗透膜(膜面积约 $0.4\ m^2$)、高低压离心泵、3 个水箱、流量计等组成。原料水箱装满自来水经低压离心泵通过砂滤过滤器并经过转子流量计后进入超滤膜中,滤液流入中间水箱,而后由高压离心泵分别送入纳滤膜组件和反渗透膜组件中,得到的滤液为纯净水。

FE38 电导率仪(梅特勒)用于测量进出水电导率,还需要其他实验室常用的仪器(如烧杯、量筒、秒表等)。

6.7.4　实验内容及步骤

(1) 实验内容

① 利用纳滤膜制备纯净水,测定进料流率和操作压力对膜分离性能(渗透通量和截留率)的影响,即分别改变总进料流率和操作压力,记录相应的渗透液流率及渗透水电导率,得

到渗透通量和截留率。

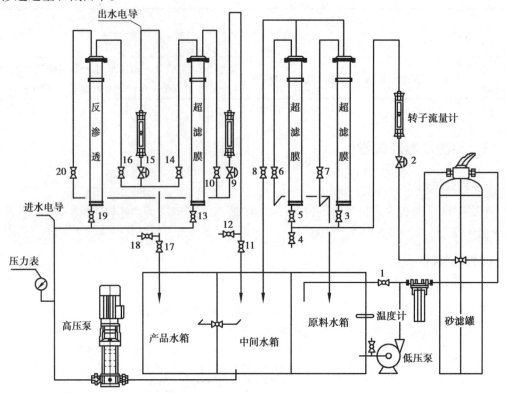

图 6.7.2　实验装置示意图

1—回流阀;2,3,5,12,18—进水阀;4—排水阀;6,7—浓缩液出水阀;8—渗透出水阀;
9—浓缩出水阀;10—NF 膜浓缩出水阀;11,15,17—出水阀;13—NF 膜进水阀;
14—NF 膜渗透出水阀;16—RO 膜渗透出水阀;19—RO 膜进水阀;20—RO 膜浓缩出水阀

②利用反渗透膜制备纯净水,测定进料流率和操作压力对膜分离性能(渗透通量和截留率)的影响,即分别改变总进料流率和操作压力,记录相应的渗透液流率及渗透水电导率,得到渗透通量和截留率。

(2)实验步骤

1)砂滤、超滤预处理

①连接好设备电源。

②将原料水箱注入自来水水位至 3/4。

③打开阀门 2,3,5,6,7,8,关闭阀门 1,4,启动低压离心泵。用流量调节阀 2 调节进水流量,自来水经过砂滤和超滤膜过滤后进入中间水箱。当中间水箱到 3/4 高度为止,之前不断向原料水箱注入自来水。

2)纳滤膜制备纯净水

①全部关闭通往反渗透膜管路上的阀门 16,19,20,全部打开纳滤膜管路上的阀门 9,10,11,13,14,15,17。

②启动高压泵,待管路充满水后根据流量计逐渐调整阀门到合适位置。调节阀门 10,13,将压力表压力调节为 0.3 MPa,流量为 30 L/h。几分钟后,有透过液出现,这时准确记录时间。在阀门 18 处用烧杯接透过液 1 min,测量体积,计算流量。记录原水电导率和渗透液电导率。

③每隔 20 min 取一次样,共取 6 次样,每次都要重新测量透过液流量、原水电导率和渗透液电导率。

④改变进料流速(分别为 20,30,40,50 L/h),重复步骤①、步骤②、步骤③(注意始终保持操作压力为 0.3 MPa)。

⑤改变操作压力(分别为 0.3,0.4,0.5,0.6 MPa),重复步骤①、步骤②、步骤③(注意始终保持流量为 30 L/h)。

⑥停泵。关闭阀门 12,18,打开阀门 11,17,将纳滤膜组件中的原料液排入储槽中。

3)反渗透膜制备纯净水

①全部关闭通往纳滤膜管路上的阀门 10,13,14,全部打开反渗透膜管路上的阀门 9,11,15,16,17,19,20。

②启动高压泵,待管路充满水后根据流量计逐渐调整阀门到合适位置。调节阀门 19,20,将压力表压力调节为 0.6 MPa,流量为 30 L/h。几分钟后,有透过液出现,这时准确记录时间。在阀门 18 处用烧杯接透过液 1 min,测量体积,计算流量。记录原水电导率和渗透液电导率。

③每隔 20 min 取一次样,共取 6 次样,每次都要重新测量透过液流量、原水电导率和渗透液电导率。

④改变进料流速(分别为 20,30,40,50 L/h),重复步骤①、步骤②、步骤③(注意始终保持操作压力为 0.3 MPa)。

⑤改变操作压力(分别为 0.6,0.8,1.0,1.2 MPa),重复步骤①、步骤②、步骤③(注意始终保持流量为 30 L/h)。

⑥停泵。关闭阀门 12,18,打开阀门 11,17,将反渗透膜组件中的原料液排入储槽中。

4)清洗膜组件及装置

待膜组件中的原料液流完后,关闭阀门 12,18,打开阀门 9,10,11,13,14,15,16,17,19,20,开高压泵。清洗膜组件 5 min 后,调节阀门 10,13,19,20,使压力表读数为 0.3 MPa,视窗中有透过液出现,继续清洗 15 min。最后停泵,关闭阀门 13,19,排尽膜组件及管路中的水。

6.7.5 实验数据分析与处理

①按表 6.7.2 记录实验条件和数据。
②绘出纳滤膜渗透通量和截留率随时间的变化关系图。
③绘出反渗透膜渗透通量和截留率随进料流率的变化关系图。
④绘出反渗透膜渗透通量和截留率随压力的变化关系图。

⑤比较纳滤膜和反渗透膜制得纯净水水质的优劣。

表6.7.2　实验条件和数据

膜规格：　　进水流率(或高压泵入口压力)：　　温度：　　℃　　　　时间：　年　月　日

时刻	高压泵入口压力 P（或进水流率 U）	渗透液体积 $/(mL \cdot min^{-1})$	原料侧电导率值 A_1	渗透侧电导率值 A_2	渗透通量 $/[L \cdot (m^2 \cdot h)^{-1}]$	截留率 $1 - A_2/A_1$

6.7.6　思考与讨论

①砂滤、超滤预处理的作用是什么？

②进水流率和操作压力对膜性能有何影响？

③列举纳滤和反渗透的适用领域。

④列举纳滤膜和反渗透膜的种类。

参考文献

[1] 郑津洋,桑芝富.过程设备设计[M].4版.北京:化学工业出版社,2015.

[2] 朱振华,姜吉光.过程装备与控制工程专业实验[M].北京:北京理工大学出版社,2012.

[3] 戴凌汉,金广林,钱才富.过程装备与控制工程专业实验教程[M].北京:化学工业出版社,2012.

[4] 石腊梅.过程装备与控制工程专业实验教程[M].北京:化学工业出版社,2016.

[5] 李云,姜培正.过程流体机械[M].2版.北京:化学工业出版社,2009.

[6] 闫康平,王贵欣,罗春晖.过程装备腐蚀与防护[M].3版.北京:化学工业出版社,2016.